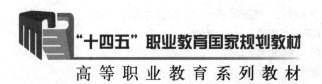

高等职业教育系列教材

工业机器人编程与调试（ABB）

主　编　熊　隽　文清平
副主编　吴兴江　陈　林　杨金鹏　刘　浪
参　编　李世彬　谭小渝　薛邵文　陈　亮
　　　　李庭贵　洪　震
主　审　林乃昌

机械工业出版社

本书以 ABB 工业机器人为教学对象，划分为搬运机器人编程与调试、涂胶机器人编程与调试、码垛机器人编程与调试 3 个学习情境。每一学习情境基于工作过程划分为创建机器人数据、创建机器人信号、编写机器人程序和调试机器人程序 4 个典型任务，让读者在完成每个任务的过程中，不仅能学习工业机器人基本操作、工业机器人编程指令应用、工业机器人程序调试运行、工业机器人日常维护等相关知识，还能充分将理论与实践结合起来，最终掌握独立完成机器人操作、编程、调试、运行工作的相关技能。

为充分实现"做中学""做中教"，本书配有 3 个学习情境对应的任务单，引导读者自主完成编程与调试工作。本书适合从事工业机器人编程与调试的工作人员，特别是刚接触 ABB 工业机器人的工程技术人员学习使用，也适合作为普通高职和中职院校自动化类专业学生的教材。

本书配有授课电子课件和微课视频等资源，需要的教师可登录 www.cmpedu.com 免费注册，审核通过后下载，或联系编辑索取（微信：15910938545，电话：010-88379739）。

图书在版编目（CIP）数据

工业机器人编程与调试：ABB／熊隽，文清平主编. —北京：机械工业出版社，2021.6（2024.8 重印）
高等职业教育系列教材
ISBN 978-7-111-68052-9

Ⅰ. ①工… Ⅱ. ①熊… ②文… Ⅲ. ①工业机器人-程序设计-高等职业教育－教材 Ⅳ. ①TP242.2

中国版本图书馆 CIP 数据核字（2021）第 070850 号

机械工业出版社（北京市百万庄大街 22 号　邮政编码 100037）
策划编辑：曹帅鹏　　责任编辑：曹帅鹏　陈崇昱
责任校对：张艳霞　　责任印制：单爱军

唐山楠萍印务有限公司印刷

2024 年 8 月·第 1 版·第 10 次印刷
184mm×260mm·14.75 印张·356 千字
标准书号：ISBN 978-7-111-68052-9
定价：55.00 元

电话服务　　　　　　　　　　　　网络服务
客服电话：010-88361066　　　　　机 工 官 网：www.cmpbook.com
　　　　　010-88379833　　　　　机 工 官 博：weibo.com/cmp1952
　　　　　010-68326294　　　　　金　书　网：www.golden-book.com
封底无防伪标均为盗版　　　　　　机工教育服务网：www.cmpedu.com

关于"十四五"职业教育
国家规划教材的出版说明

为贯彻落实《中共中央关于认真学习宣传贯彻党的二十大精神的决定》《习近平新时代中国特色社会主义思想进课程教材指南》《职业院校教材管理办法》等文件精神，机械工业出版社与教材编写团队一道，认真执行思政内容进教材、进课堂、进头脑要求，尊重教育规律，遵循学科特点，对教材内容进行了更新，着力落实以下要求：

1. 提升教材铸魂育人功能，培育、践行社会主义核心价值观，教育引导学生树立共产主义远大理想和中国特色社会主义共同理想，坚定"四个自信"，厚植爱国主义情怀，把爱国情、强国志、报国行自觉融入建设社会主义现代化强国、实现中华民族伟大复兴的奋斗之中。同时，弘扬中华优秀传统文化，深入开展宪法法治教育。

2. 注重科学思维方法训练和科学伦理教育，培养学生探索未知、追求真理、勇攀科学高峰的责任感和使命感；强化学生工程伦理教育，培养学生精益求精的大国工匠精神，激发学生科技报国的家国情怀和使命担当。加快构建中国特色哲学社会科学学科体系、学术体系、话语体系。帮助学生了解相关专业和行业领域的国家战略、法律法规和相关政策，引导学生深入社会实践、关注现实问题，培育学生经世济民、诚信服务、德法兼修的职业素养。

3. 教育引导学生深刻理解并自觉实践各行业的职业精神、职业规范，增强职业责任感，培养遵纪守法、爱岗敬业、无私奉献、诚实守信、公道办事、开拓创新的职业品格和行为习惯。

在此基础上，及时更新教材知识内容，体现产业发展的新技术、新工艺、新规范、新标准。加强教材数字化建设，丰富配套资源，形成可听、可视、可练、可互动的融媒体教材。

教材建设需要各方的共同努力，也欢迎相关教材使用院校的师生及时反馈意见和建议，我们将认真组织力量进行研究，在后续重印及再版时吸纳改进，不断推动高质量教材出版。

机械工业出版社

前　言

党的二十大报告指出，要培养造就大批德才兼备的高素质人才，努力培养造就更多大师、战略科学家、一流科技领军人才和创新团队、青年科技人才、卓越工程师、大国工匠、高技能人才。本教材基于智能制造专业群培养定位，在培养工业机器人操作、编程、调试职业技能的同时，培养"安全意识、规范意识、标准意识、质量意识、责任意识"五岗位意识和"爱岗敬业、严谨细致、执着专注、精益求精、守正创新、团结协作"六个工作准则，使学习者成为工业机器人编程与调试岗位的高素质技术技能型人才。

本教材借鉴"双元制"模式，是校企"双元"合作开发的教材，在智慧职教 MOOC 平台开设了配套的省级精品在线开放课程，并使用新型任务单搭配教材（教材相当于任务单的工作手册）的形式进行编写。任务单中强调安全操作规范，融入思政教育，通过德技并修，真正培养高素质、高技能人才。

本书基于工作过程系统化重构教学体系，遵循"知识递进、能力提升、难度增加"的原则，以企业真实典型的搬运、涂胶、码垛工作为学习情境。每个学习情境又根据真实工作过程划分为创建机器人数据、创建机器人信号、编写机器人程序和调试机器人程序 4 个典型任务。任务 1 与任务 2 是任务 3 的准备环节；任务 3 利用任务 1、2 创建的数据和信号来编写机器人控制程序；任务 4 为最终环节，对编写的程序进行调试，达到理想的运行效果。依据"学以致用"原则，打破学科知识体系，将工业机器人编程与调试的相关知识及技能解析并重构到各典型任务环节中，以企业工作任务为学习任务，工学结合，知行合一，融理论知识传授、工程能力培养于一体，真正实现"做中学""做中教"。

书中针对每个典型工作环节设立工作任务，但任务实施不再是传统教材的直接给出答案，而是利用任务单，引导学生自主思考、查阅教材知识点完成任务。任务单将学习任务结构化、阶段化，引导过程按"手把手—牵着手—放开手—育巧手"的模式，引领学生有步骤、有次序地学习，最终具备独立完成工作的能力，培养其创新意识和实践能力。

本书由学校与行业、企业人员合作编写。泸州职业技术学院熊隽、四川信息职业技术学院文清平担任主编，泸州职业技术学院吴兴江、泸州职业技术学院陈林、四川信息职业技术学院杨金鹏、北京华航唯实机器人科技股份有限公司刘浪担任副主编，泸州职业技术学院林乃昌担任主审。熊隽、吴兴江、薛邵文共同编写学习情境 1 及配套任务单；陈林、李世彬、谭小渝、陈亮共同编写学习情境 2 及配套任务单；文清平、杨金鹏、李庭贵、洪震共同编写学习情境 3 及配套任务单。北京华航唯实机器人科技股份有限公司刘浪为本书的编写提供了案例、素材及宝贵的意见和建议。

本书在编写过程中参考了一些企业的文献资料以及相关书籍，在此表示由衷感谢。由于编者水平有限，书中难免存在错误和不妥之处，恳请读者批评指正。

编　者

二维码资源清单

序号	资源名称	页码	序号	资源名称	页码
1	1-1 机器人开机操作	3	29	2-7 工具数据的含义	79
2	1-2 机器人关机操作	4	30	2-8 工具数据定义操作	81
3	1-3 机器人示教器语言设置	7	31	2-9 工具坐标系中重心与重量的测量	84
4	1-4 系统数据备份操作	10	32	2-10 工具数据手动设定	88
5	1-5 系统数据恢复操作	11	33	2-11 机器人组 I/O 信号设定	92
6	1-6 ABB 工业机器人 I/O 通信	17	34	2-12 组 I/O 信号查看与仿真	95
7	1-7 ABB I/O 板卡结构	17	35	2-13 信号备份与恢复操作	97
8	1-8 标准 I/O 板创建	23	36	2-14 程序模块的创建与编辑操作	103
9	1-9 数字输入信号配置	27	37	2-15 程序模块备份与恢复操作	105
10	1-10 数字输出信号配置	29	38	2-16 组信号指令	108
11	1-11 可编程快捷按键配置	31	39	2-17 读取位置指令的应用	111
12	1-12 数字信号的查看与仿真	33	40	2-18 轴配置监控指令的应用	118
13	1-13 RAPID 程序结构	36	41	2-19 转数计数器更新操作	123
14	1-14 RAPID 程序的创建与编辑	38	42	2-20 重定位运动	126
15	1-15 偏移功能添加操作	46	43	2-21 单周与连续运行切换方法	128
16	1-16 机器人数字输入通信指令	47	44	2-22 速度设定方法	129
17	1-17 机器人数字输出通信指令	48	45	2-23 工业机器人自动运行操作	130
18	1-18 关节运动	53	46	3-1 工件坐标创建与定义	135
19	1-19 线性运动	56	47	3-2 有效载荷创建与应用	139
20	1-20 增量模式	58	48	3-3 系统信号创建	143
21	1-21 点位数据调试	60	49	3-4 机器人与 PLC 通信设置	144
22	1-22 手动运行调试	62	50	3-5 模拟信号创建操作	146
23	2-1 程序数据概念与类型	68	51	3-6 绝对位置运动指令	151
24	2-2 程序数据存储类型	69	52	3-7 一维数组定义	155
25	2-3 num 程序数据定义与初始赋值操作	72	53	3-8 中断程序应用	160
26	2-4 bool 程序数据定义与初始赋值操作	75	54	3-9 降低加减速度设置	168
27	2-5 n1 的赋值指令添加操作	76	55	3-10 运行速度设置	169
28	2-6 b1 的赋值指令添加操作	77	56	3-11 软伺服设置	170

目 录

前言
二维码资源清单

学习情境 1 搬运机器人编程与调试 …… 1

任务 1.1 创建机器人数据 ……………… 2
- 1.1.1 机器人通用操作规范 …………… 2
- 1.1.2 开关与重启机器人 ……………… 3
- 1.1.3 切换工作模式 …………………… 6
- 1.1.4 设置示教器语言 ………………… 7
- 1.1.5 设置机器人系统的日期和时间 …… 7
- 1.1.6 查看机器人状态与事件日志 …… 8
- 1.1.7 备份和恢复机器人系统数据 …… 9
- 1.1.8 创建机器人点位数据 ………… 13
- 1.1.9 搬运系统组成 ………………… 15
- 1.1.10 搬运系统工作流程 …………… 15
- 1.1.11 搬运机器人点位数据 ………… 16

任务 1.2 创建机器人信号 ……………… 16
- 1.2.1 工业机器人通信 ……………… 17
- 1.2.2 工业机器人常用标准 I/O 板 …… 17
- 1.2.3 应用标准 I/O 板数字接口 …… 22
- 1.2.4 创建标准 I/O 板 ……………… 23
- 1.2.5 创建数字信号 ………………… 27
- 1.2.6 配置可编程快捷按键 ………… 31
- 1.2.7 查看与仿真数字信号 ………… 33
- 1.2.8 搬运机器人信号 ……………… 35
- 1.2.9 搬运机器人信号配置 ………… 36

任务 1.3 编写机器人程序 ……………… 36
- 1.3.1 认识工业机器人程序 ………… 36
- 1.3.2 创建与编辑机器人程序 ……… 38
- 1.3.3 关节运动与线性运动指令 …… 42
- 1.3.4 OFFS 偏移功能 ……………… 46
- 1.3.5 数字信号通信指令 …………… 47
- 1.3.6 搬运机器人指令分析 ………… 50
- 1.3.7 搬运机器人程序 ……………… 52

任务 1.4 调试机器人程序 ……………… 52
- 1.4.1 基坐标系与大地坐标系 ……… 52
- 1.4.2 关节运动 ……………………… 53
- 1.4.3 线性运动 ……………………… 56
- 1.4.4 增量模式 ……………………… 58
- 1.4.5 调试点位 ……………………… 60
- 1.4.6 手动运行调试 ………………… 62
- 1.4.7 程序调试与检查 ……………… 64
- 1.4.8 工作情况评价 ………………… 64

学习情境 2 涂胶机器人编程与调试 …… 66

任务 2.1 创建机器人数据 ……………… 67
- 2.1.1 认识程序数据 ………………… 67
- 2.1.2 定义与赋值程序数据 ………… 72
- 2.1.3 创建工具数据 ………………… 79
- 2.1.4 定义与测量工具数据 ………… 81
- 2.1.5 涂胶机器人工作流程 ………… 90
- 2.1.6 涂胶机器人数据 ……………… 90

任务 2.2 创建机器人信号 ……………… 91
- 2.2.1 配置组信号 …………………… 92
- 2.2.2 查看与仿真组信号 …………… 95
- 2.2.3 备份与恢复信号 ……………… 97
- 2.2.4 涂胶机器人信号接线图 …… 101
- 2.2.5 涂胶机器人信号配置 ……… 102

任务 2.3 编写机器人程序 …………… 102
- 2.3.1 创建与编辑程序模块 ……… 103
- 2.3.2 备份与恢复程序模块 ……… 105
- 2.3.3 程序模块加密 ……………… 106
- 2.3.4 圆弧运动指令 ……………… 107
- 2.3.5 组信号指令 ………………… 108
- 2.3.6 调用程序指令 ……………… 111
- 2.3.7 读取位置指令 ……………… 111

2.3.8	条件判断指令 ……………	115
2.3.9	轴配置监控指令 ……………	118
2.3.10	常用清屏写屏指令 ……………	120
2.3.11	涂胶机器人程序 ……………	121

任务 2.4 调试机器人程序 …………… 122

2.4.1	更新机器人转数计数器 ……………	123
2.4.2	重定位运动 ……………	126
2.4.3	切换单周与连续运行 ……………	128
2.4.4	速度设定 ……………	129
2.4.5	自动运行机器人 ……………	130
2.4.6	程序调试与检查 ……………	132
2.4.7	工作情况评价 ……………	132

学习情境3 码垛机器人编程与调试 …… 133

任务 3.1 创建机器人数据 …………… 134

3.1.1	创建工件坐标系 ……………	134
3.1.2	定义工件数据 ……………	136
3.1.3	创建与编辑有效载荷 ……………	139
3.1.4	码垛工作原理 ……………	140
3.1.5	码垛机器人工作流程 ……………	142
3.1.6	码垛机器人数据 ……………	142

任务 3.2 创建机器人信号 …………… 143

3.2.1	创建系统信号 ……………	143
3.2.2	机器人与 PLC 通信 ……………	144
3.2.3	创建模拟信号 ……………	146
3.2.4	码垛机器人信号接线图 ……………	149
3.2.5	码垛机器人信号配置 ……………	150

任务 3.3 编写机器人程序 …………… 150

3.3.1	绝对位置运动指令 ……………	151
3.3.2	循环指令 ……………	154
3.3.3	数组 ……………	155
3.3.4	中断指令 ……………	158
3.3.5	功能程序 ……………	162
3.3.6	码垛机器人程序 ……………	164

任务 3.4 调试机器人程序 …………… 168

3.4.1	控制机器人加、减速度 ……………	168
3.4.2	控制机器人运行速度 ……………	169
3.4.3	控制机器人软伺服 ……………	170
3.4.4	IRB1200 本体维护 ……………	171
3.4.5	定期点检信息标签、安全标志与操作提示 ……………	176
3.4.6	程序调试与检查 ……………	181
3.4.7	工作情况评价 ……………	181

参考文献 …………… 182

学习情境1 搬运机器人编程与调试

随着我国制造强国建设的扎实推进，工业机器人在智能制造中的应用不断加大。搬运机器人是工业机器人最基础、最简单的应用之一，工业机器人在搬运方面有众多成熟的解决方案，在食品饮料、医药化工、汽车制造等行业均有广泛的应用，涉及物流运输、周转、仓储等方面。如图1-1、图1-2所示分别为搬运机器人在食品搬运和饮料搬运中的应用。采用工业机器人搬运取代人工搬运，可大幅度提高生产效率，节约劳动成本，提高定位精度，降低搬运过程中的产品损坏率。

图1-1 工业机器人食品搬运案例

图1-2 工业机器人饮料搬运案例

本学习情境以图1-2所示食品饮料行业中的"饮料瓶自动搬运"为案例，完成搬运机器人的编程与调试工作。通过"做中学""做中教"，学习机器人编程基础知识与操作技能，实现搬运机器人手动运行调试，并养成良好的劳动态度、安全意识、规范意识、标准意识、质量意识等。

 知识目标

- 掌握机器人搬运工作站的构成、特点、工作流程。
- 掌握示教器基本操作和点位数据的创建。
- 掌握板卡及数字信号创建、查看与快捷设置。
- 掌握机器人程序的概念、结构等基础知识。
- 掌握机器人MoveJ、MoveL指令及数字信号常用指令。
- 掌握机器人手动线性、关节运动及增量的使用。
- 掌握机器人手动单步运行与连续运行方法。

技能目标

- 能严格遵守机器人安全操作规范操作机器人。
- 能进行备份系统、设置语言和时间等示教器基本操作与点位数据创建操作。
- 能根据需求创建机器人数字信号并配置快捷按键。

- 能编写搬运机器人程序并检验其语法正确性。
- 能快速、准确地调试机器人点位和手动运行机器人。

 素质目标

- 养成良好的劳动习惯和劳动素养。
- 树立正确的劳动观和职业态度。
- 培养安全、规范、标准、责任意识。

任务 1.1　创建机器人数据

 任务描述

如图 1-3 所示的机器人搬运工作站模拟了饮料自动搬运工作过程，利用图 1-3 提供的工作流程，将物块从抓取位置搬运到放置位置。分析该搬运工作站的主要构成，绘制搬运工作流程图，创建该搬运工作站所需要的点位数据。

搬运技术要求：

1）搬运前，机器人处于一个安全位置，当工业机器人收到启动信号后便开始运行。

2）产品经过传送带到达传送带末端后，机器人开始进行抓取工件操作。

3）抓取工件后，机器人移动到放置位置放下工件，再回到安全点位。

图 1-3　搬运工作站工作流程

1.1.1　机器人通用操作规范

1）操作人员必须有意识地对自身安全进行保护，必须主动穿戴安全工作服、安全鞋，留有长发的必须佩戴安全帽。

2）操作者在饮酒、服用药品或兴奋药物后不得使用工业机器人。

3）操作者要确保自己有足够的后退空间，且后退空间无障碍物。

4）禁止戴手套操作，避免误操作按键。

5）操作机器人时，确保机器人运动空间内没有其他人员。

6）操作员必须保持正面观察机器人进行操作，禁止不拿示教器的人员通过呼喊等方式指挥拿示教器的人员进行操作。

7）检查、维修、维护机器人时必须保证机器人处于断电状态。

1.1.2 开关与重启机器人

1．机器人开机

1-1 机器人开机操作

1）将线路总电源开关由"OFF"置为"ON"。注意要先打开380V 电源，再打开 220V 电源，如图 1-4 所示。

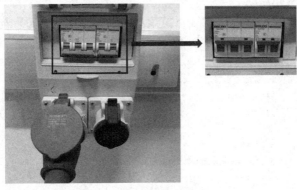

图 1-4 打开线路总电源

2）将机器人系统电源开关由"OFF"置为"ON"，如图 1-5 所示。

图 1-5 打开机器人系统电源

3）将机器人控制柜电源开关由"OFF"置为"ON"，如图 1-6 所示。待示教器完全启动后，系统启动完毕。

图 1-6 打开机器人控制柜电源

注意：

1）开机前需要检查控制柜及工业机器人本体的电缆、气管有无破损，接线是否有松动。

2）对工业机器人进行编程、调试等工作时，须将工业机器人置于手动模式下。

3）在工业机器人启动之后，调试人员进入工业机器人工作区域时，必须随身携带示教器，以防他人误操作。

2．机器人系统重新启动

1）单击 ABB "主菜单" 按钮，在下拉菜单中选择 "重新启动" 选项，如图1-7所示。

2）在弹出的界面中单击 "重启"，如图1-8所示。等待机器人系统重新启动即可。

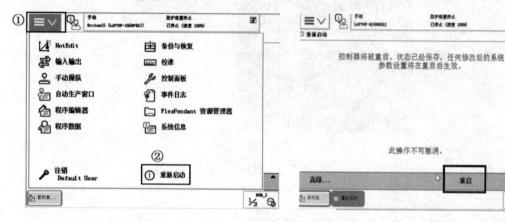

图1-7 选择 "重新启动" 选项（重启操作）　　图1-8 单击 "重启"

3．机器人关机

1）确定防护装置已停止后，单击 ABB "主菜单" 按钮，在下拉菜单中选择 "重新启动" 选项，如图1-9所示。

2）在弹出的界面中单击 "高级"，如图1-10所示。

1-2 机器人关机操作

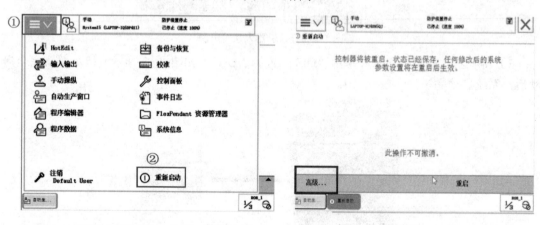

图1-9 选择 "重新启动" 选项（关机操作）　　图1-10 单击 "高级"

3）选择 "关闭主计算机" 选项，单击 "下一个"，如图1-11所示。

4）单击 "关闭主计算机"，等待机器人系统关闭，如图1-12所示。

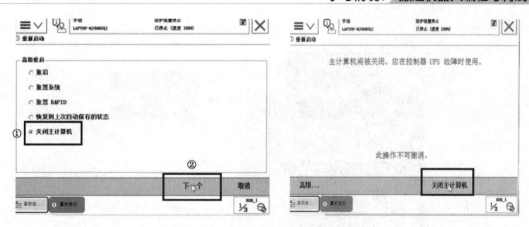

图 1-11　选择"关闭主计算机"选项　　　　图 1-12　单击"关闭主计算机"

5）待机器人系统完全关闭后，将机器人控制柜电源开关由"ON"置为"OFF"，如图 1-13 所示。

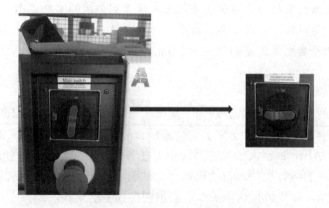

图 1-13　关闭机器人控制柜电源

6）将机器人系统电源开关由"ON"置为"OFF"，如图 1-14 所示。

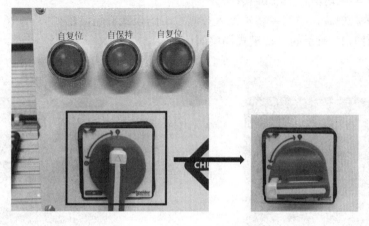

图 1-14　关闭机器人系统电源

7）将线路总电源开关由"ON"置为"OFF"，注意要先关闭 220V 电源，再关闭 380V

电源，如图 1-15 所示。

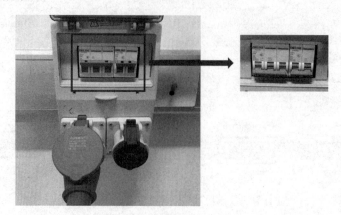

图 1-15　关闭线路总电源

注意：
1）工业机器人系统关机前需要使工业机器人恢复到合适的安全姿态。
2）工业机器人关机前，夹具上不应放置物体，必须空机。
3）关机后重新开启电源需要间隔至少 2min。

1.1.3　切换工作模式

工业机器人有两大工作模式，分别为手动模式与自动模式，如图 1-16 所示。

在自动模式下，启用装置的安全功能会停用，以便机器人在没有人工干预的情况下移动。自动模式是由 ABB 机器人的控制系统根据任务程序的操作模式，使用控制器上的 I/O 信号等来实现机器人的运行控制。自动模式下无法编辑程序和手动控制机器人运行，许多机器人的设置都被禁止。如要进行这些操作，必须切换到手动模式。

在手动模式下，机器人的移动处于人工控制状态，必须按下示教器的使能按键来启动伺服电动机，否则无法移动机器人。手动模式用于编程和程序调试。某些型号的 ABB 机器人有手动减速和手动全速两种手动模式。

要切换到手动模式，只需要将机器人控制柜上的模式旋钮，由如图 1-16 所示的自动模式档位转到如图 1-17 所示的手动模式档位即可。

图 1-16　工业机器人自动模式

图 1-17　工业机器人手动模式

1.1.4 设置示教器语言

1-3 机器人示教器语言设置

示教器出厂时，默认的显示语言为英语，为了方便操作，下面介绍把显示语言设定为中文的操作步骤。

1）将机器人工作模式设为"手动模式"，单击 ABB "主菜单"按钮，选择"Control Panel"选项，进入如图 1-18 所示界面，选择"Language"，如图 1-19 所示。

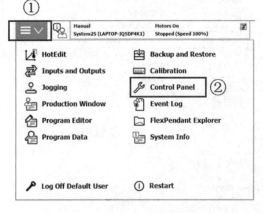

图 1-18 选择"Control Panel"选项

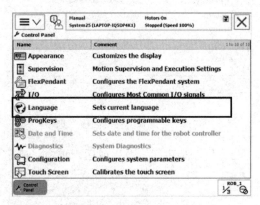

图 1-19 选择"Language"

2）选择"Chinese"后，单击"OK"，如图 1-20 所示。

3）系统弹出对话框，提示需要重启系统后才能生效，单击"Yes"按钮重新启动系统，如图 1-21 所示。

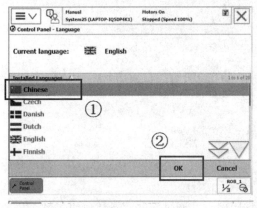

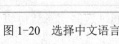

图 1-20 选择中文语言

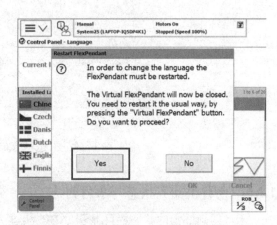

图 1-21 单击"Yes"重启系统

4）重启后，再单击 ABB "主菜单"按钮即可看到系统已切换到中文界面。

1.1.5 设置机器人系统的日期和时间

为了方便进行文件的管理和故障的查阅与管理，在进行各种操作之前要将机器人系统的时间设定为本地的时间，操作步骤如下。

1）在手动模式下，单击 ABB "主菜单"按钮，选择"控制面板"选项，如图 1-22 所示。

2）进入控制面板后，选择"日期和时间"，进行日期和时间的修改，如图1-23所示。

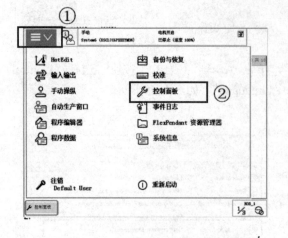
图1-22　选择"控制面板"选项

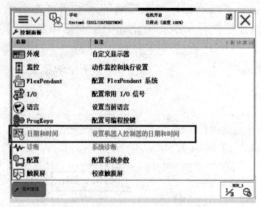
图1-23　修改日期和时间

3）日期和时间修改完成后，单击"确定"，如图1-24所示。

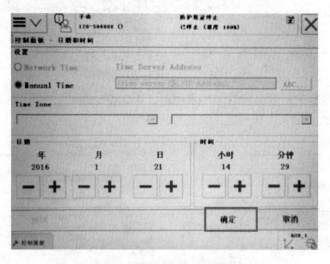
图1-24　修改日期和时间后单击"确定"

1.1.6　查看机器人状态与事件日志

示教器画面上的状态栏可显示 ABB 机器人常用信息，通过这些信息就可以了解到机器人当前所处的状态及存在的一些问题，具体内容如图1-25所示，主要包括：

1）机器人当前工作模式，显示内容为手动、全速手动、自动三种模式中的一种。
2）机器人当前系统信息。
3）机器人使能状态。手动模式下，使能按键第一档按下时会显示"电机开启"，松开或第二档按下时会显示"防护装置停止"，此时无法移动机器人。
4）机器人程序运行状态，显示程序的运行或停止，以及设定的机器人运行速度。
5）机器人外轴的使用状态。

学习情境1　搬运机器人编程与调试

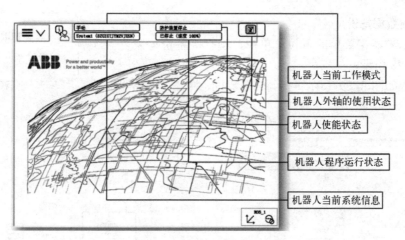

图 1-25　示教器状态栏信息

另外，在示教器的操作界面上单击状态栏任意位置，就可以查看机器人的事件日志。如图 1-26 所示，会显示出操作机器人的事件日志，以便为分析相关事件提供准确的时间。单击状态栏任意位置，可关闭此日志。

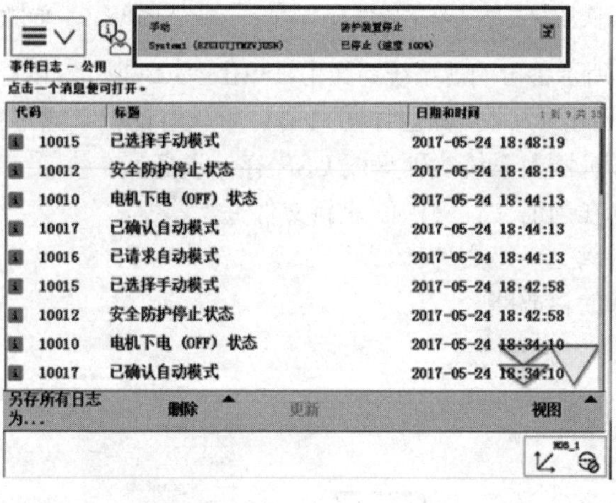

图 1-26　显示机器人事件日志

1.1.7　备份和恢复机器人系统数据

定期对 ABB 工业机器人的数据进行备份，是保证 ABB 工业机器人正常操作的良好习惯。ABB 工业机器人数据备份的对象是所有正在系统内存中运行的 RAPID 程序和系统参数。当机器人系统出现错误或重新安装系统后，可以通过备份快速地把机器人恢复到备份时的状态。

进行机器人系统的备份与恢复操作时，若机器人系统数据是备份到 USB 存储设备中，或者从 USB 存储设备中恢复到机器人系统中，都需要先将 USB 存储设备（例如 U 盘）插入示教器的 USB 端口，如图 1-27 所示。

图 1-27　示教器的 USB 端口

1. 系统数据备份

1）在示教器主菜单的下拉菜单中，选择"备份与恢复"选项，如图 1-28 所示。

1-4　系统数据备份操作

2）进入如图 1-29 所示备份与恢复界面，单击"备份当前系统…"。

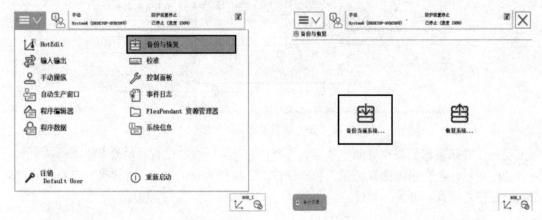

图 1-28　选择"备份与恢复"选项（数据备份）　　图 1-29　单击"备份当前系统"

3）进入如图 1-30 所示备份当前系统界面中，单击"ABC…"，设置系统备份文件的名称。

4）继续在此界面单击"…"，弹出如图 1-31 所示对话框。通过单击相应的按钮，选择存放备份文件的位置（机器人系统的硬盘或 USB 存储设备）。

①：单击此按钮可在当前文件夹中创建新文件夹。

②：单击此按钮进入上一级文件夹。

③：显示当前选择的存放路径。

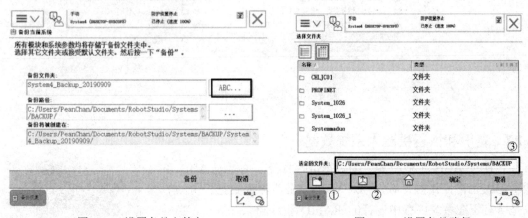

图 1-30　设置备份文件名　　图 1-31　设置备份路径

5）文件名和存放路径设置完成后，单击"确定"以保存存放路径，如图 1-32 所示。

6）如图 1-33 所示单击"备份"，开始进行机器人系统的备份。

7）等待文件备份，界面会显示"创建备份。请等待！"的提示，如图 1-34 所示。

8）备份完成后的界面，如图 1-35 所示。单击"关闭"按钮关闭备份与恢复界面，至此完成机器人系统的备份。

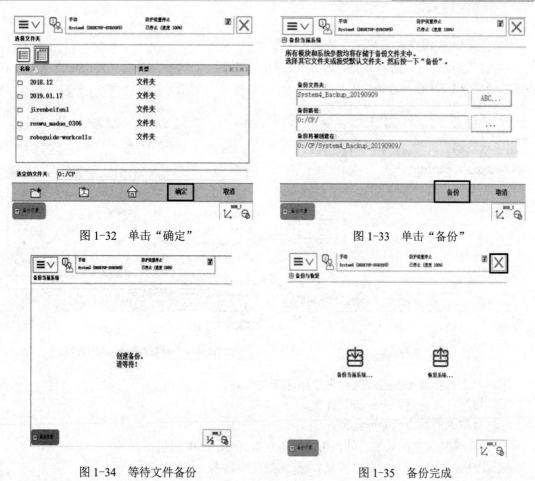

图1-32 单击"确定"　　　　　　图1-33 单击"备份"

图1-34 等待文件备份　　　　　　图1-35 备份完成

2. 系统数据恢复

1）在示教器主菜单的下拉菜单中，选择"备份与恢复"选项，如图1-36所示。

2）进入如图1-37所示备份与恢复界面，单击"恢复系统…"。

1-5 系统数据恢复操作

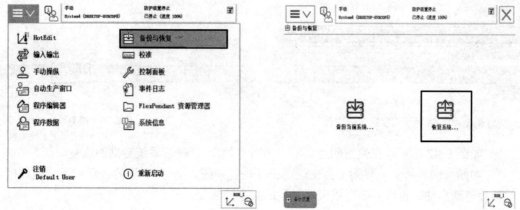

图1-36 选择"备份与恢复"选项（数据恢复）　　　　图1-37 单击"恢复系统数据"

3)进入如图1-38所示界面,单击"…"。

4)进入如图1-39所示界面,通过单击相应的按钮,选择存放备份文件的位置(机器人系统的硬盘或USB存储设备)。

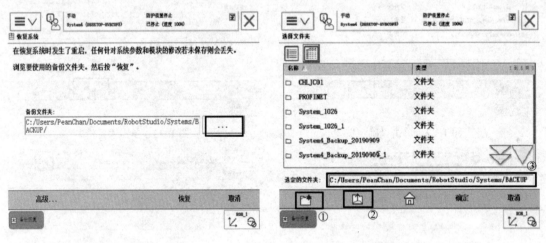

图1-38 选择恢复路径　　　　　　　图1-39 选择存放备份文件的位置

①:单击此按钮可在当前文件夹中创建新文件夹。
②:单击此按钮进入上一级文件夹。
③:显示当前选定的文件路径。

5)选中需要恢复的系统文件,单击"确定",如图1-40所示。

6)如图1-41所示,单击"恢复",开始进行机器人系统的恢复。

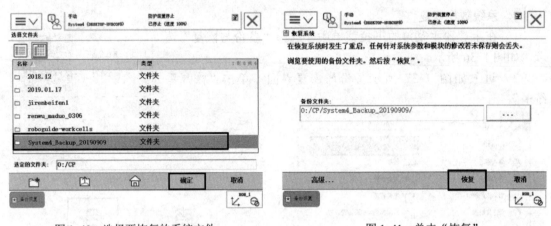

图1-40 选择要恢复的系统文件　　　　　图1-41 单击"恢复"

7)如图1-42所示,在弹出的对话框中单击"是",以继续系统数据的恢复。

8)如图1-43所示,界面中会出现"正在恢复系统。请等待!"的提示。等待过程中,示教器会重新启动,重启后即完成机器人系统数据的恢复。

图 1-42 确定恢复　　　　　　　　图 1-43 等待系统数据恢复

1.1.8 创建机器人点位数据

ABB 机器人移动时的目标位置可以通过两种方式进行记录。一种是直角坐标点位数据，记录机器人目标位置的 X、Y、Z 坐标值及姿态等，数据名称为 robtarget；另一种是关节坐标点位数据，记录机器人目标位置处 6 个关节轴各自的旋转角度，数据名称为 jointtarget。其中，最常用的点位数据类型为 robtarget，它主要包含 4 组参数，如点位"p10"，其参数为[[0,100,150],[1,0,0,0],[0,1,0,1],[9E9,9E9,9E9,9E9,9E9,9E9]]。

1）第一组参数（trans）：[0,100,150]，依次为机器人工具中心点（Tool Center Point，以下简称 TCP）的 X、Y、Z 位置数据。

2）第二组参数（rot）：[1,0,0,0]，为定义 TCP 姿态的数据。

3）第三组参数（robconf）：[0,1,0,1]，为机器人目标位置的轴配置数据。

4）第四组参数（extax）：[9E9,9E9,9E9,9E9,9E9,9E9]，为机器人外部轴数据。

进行机器人 robtarget 点位数据创建时，具体操作步骤如下。

1）在示教器主菜单的下拉菜单中，选择"程序数据"选项，如图 1-44 所示。

2）如图 1-45 所示，选择右下角"视图"中的"全部数据类型"，以显示机器人的所有程序数据类型。

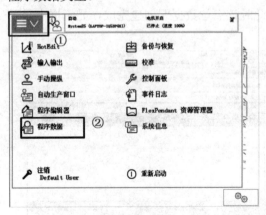　　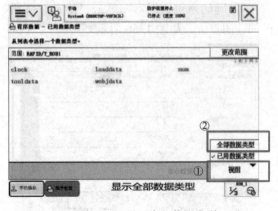

图 1-44 选择"程序数据"选项　　　　图 1-45 显示全部数据类型

3）在显示的所有程序数据类型中，向下翻并找到"robtarget"数据类型，如图 1-46 所示,单击该数据类型。

4)单击界面下方的"新建"按钮新建数据,如图 1-47 所示。

图 1-46 选择 robtarget　　　　　　　　图 1-47 新建 robtarget

5)进入新建的 robtarget 数据界面后,单击"…",如图 1-48 所示。

6)输入点位数据名称,最好以字母"p"开头,以便以后看见该名称就知道是点位数据。如图 1-49 所示,输入完成后单击"确定"按钮,确认数据名称。注意名称只能由字母、数字、下画线构成。

 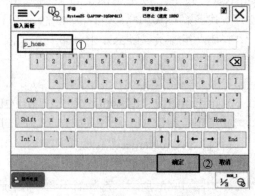

图 1-48 修改点位数据名称　　　　　　图 1-49 输入名称并确认

7)确认点位数据后,单击"确定"按钮,此时该点位数据即创建完成,显示框中显示已创建的点位,如图 1-50 所示。

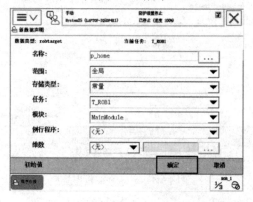 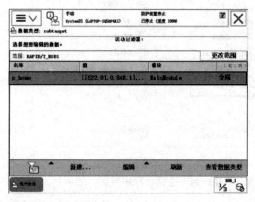

图 1-50 确定所创建的点位数据并查看

1.1.9 搬运系统组成

搬运机器人系统的主要组成如图 1-51 所示，机器人系统主要包括机器人本体、控制系统及示教器。除了机器人系统以外，执行装置还包括传送带与手爪，而电气控制系统则包括 PLC、电磁阀、气动三联件、中间继电器、空气断路器、熔断器等，具体部件可参考表 1-1。

图 1-51 搬运机器人系统的主要组成

表 1-1 主要构成设备及元器件列表

序号	名称	型号	数量	单位	备注
1	工业机器人	ABB 1200	1	台	6 关节串联机器人
2	PLC	西门子 1200	1	台	
3	手爪	非标准件	1	套	气动手爪，采用三爪气缸控制，根据需求设计
4	传送带	非标准件	1	套	三相异步电动机驱动，变频器控制
5	电磁阀		1	只	两位三通
6	中间继电器		2	只	两对常开两对常闭触点
7	气泵		1	台	
8	气动三联件		1	套	

1.1.10 搬运系统工作流程

程序流程图可以帮助我们理清机器人运行流程，是后期所有任务执行的依据。绘制流程图的主要符号包括流程开始、流程结束、中间步骤或操作、条件判断，各符号的绘制方法如图 1-52 所示。

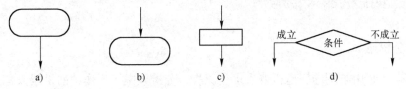

图 1-52 流程图主要符号

a) 流程开始符号　b) 流程结束符号　c) 中间步骤或操作符号　d) 条件判断符号

针对本搬运工作站，可参考如图 1-53 所示流程图绘制，但要根据实际设备及工作情况进行相应调整。

1.1.11 搬运机器人点位数据

根据图 1-53 所示的搬运工作流程图，机器人需要移动到达目标点位的动作如图 1-54 中的虚线框所示，包括机器人原点、抓取点正上方点、抓取点、放置点正上方点、放置点。其中，抓取点正上方点和放置点正上方点可分别通过抓取点和放置点的偏移获得，因此所需要的最终点位为 3 个，见表 1-2。

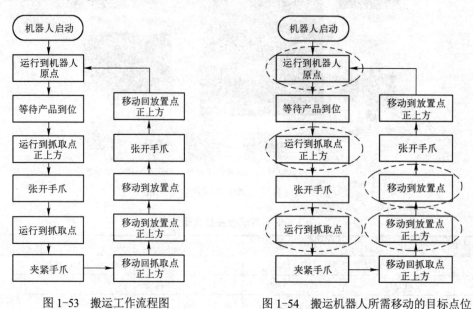

图 1-53 搬运工作流程图　　　　图 1-54 搬运机器人所需移动的目标点位

表 1-2　点位数据列表（参考用）

序　号	数据名称	数据类型	存储类型	备　注
1	p_home	robtarget	常量	机器人原点
2	p_pick	robtarget	常量	抓取点
3	p_place	robtarget	常量	放置点

注意：点位名称、点位个数应根据个人习惯和实际工作情况进行相应调整，不是固定的，需要符合命名规范。表 1-2 只是作为参考。

任务 1.2　创建机器人信号

 任务描述

根据任务 1.1 中绘制的搬运机器人工作流程，分析该搬运工作站的机器人与外部设备之间需要哪些数字通信信号，绘制出机器人板卡 I/O 信号接线图，在机器人系统中创建这些信

号并验证其正确性。

搬运技术要求：同任务 1.1。

1.2.1 工业机器人通信

ABB 机器人提供了丰富的 I/O 通信接口，可以轻松地与周边设备进行通信，机器人支持的通信方式见表 1-3。RS232 通信、OPC Server、Socket Message 是机器人与 PC（即计算机）通信时支持的通信协议，PC 通信接口需要选择"PC-INTERFACE"选项时才可以使用。DeviceNet、PROFIBUS、PROFIBUS-DP、PROFINET、EtherNet IP 等是不同厂商推出的各种现场总线协议，可用于工业网络中各种外部设备之间的通信。但使用何种现场总线，要根据需求进行选配，如果两设备之间支持的总线协议不一致，还需要使用网关进行协议的转换。对于标配的 ABB 机器人 I/O 板，都具有 DeviceNet 总线，而其他总线则需要购买时进行添加。

表 1-3 ABB 工业机器人支持的通信方式

与 PC 间的通信协议	支持的现场总线协议	ABB 标准通信
RS232 通信	DeviceNet	标准 I/O 板
OPC Server	PROFIBUS	PLC
Socket Message	PROFIBUS-DP	
	PROFINET	
	EtherNet IP	

另外，关于 ABB 机器人的 I/O 通信接口的说明如下：

1）ABB 的标准 I/O 板提供的常用信号处理有数字输入 DI、数字输出 DO、模拟输入 AI、模拟输出 AO，以及输送链跟踪，后面会依次介绍和使用。

2）ABB 机器人可以选配标准 ABB 的 PLC，省去了原来与外部 PLC 进行通信设置的麻烦，并且在机器人示教器上就能实现与 PLC 相关的操作。

1.2.2 工业机器人常用标准 I/O 板

ABB 常用的标准 I/O 板（即板卡）见表 1-4。

表 1-4 ABB 常用的标准 I/O 板

序号	型号	说明
1	DSQC651	分布式 I/O 模块 DI8、DO8、AO2
2	DSQC652	分布式 I/O 模块 DI16、DO16
3	DSQC653	分布式 I/O 模块 DI8、DO8 带继电器
4	DSQC355A	分布式 I/O 模块 AI4、AO4
5	DSQC377A	输送链跟踪单元

1. 标准 I/O 板 DSQC652

IRB1200 配置的标准 I/O 板即为 DSQC652，它提供了 16 个数字输入端子和 16 个数字输出端子。其结构如图 1-55 所示，分为了 A、B、C、D、E、F 六个部分，有 X1、X2、X3、X4、X5 这 5 个模块接口。A 部分是数字信号输出指示灯；B 部分 X1、X2 模块接口是机器人数字输出接口，共 16 个输出端子；C 部分 X5 模块接口是 DeviceNet 接口；D 部分是模块状态指示灯；E 部分是数字输入信号指示灯；F 部分 X3、X4 模块接口是机器人数字输入接口，共 16 个输入端子。

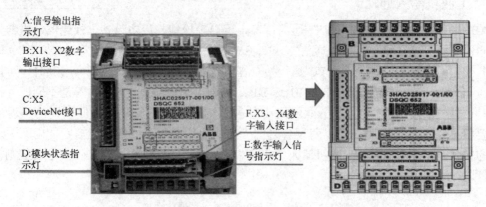

图 1-55　标准 I/O 板 DSQC652

下面，针对各模块接口的应用说明如下。

（1）X1、X2 模块接口

共两排数字输出接口，每排数字输出接口有 10 个端子，从左向右看，前 8 个端子为数字输出信号，第 9 个端子接 0V，第 10 个端子接 24V 直流电源。

信号地址分配方面，X1、X2 地址从 0 开始，X1 中 8 个输出信号地址分别为 0～7，X2 中 8 个输出信号地址分别为 8～15，X1、X2 模块接口的具体使用及地址分配见表 1-5、表 1-6。

表 1-5　X1 模块接口使用及地址分配

端子编号	使用定义	地址分配
1	OUTPUT CH1	0
2	OUTPUT CH2	1
3	OUTPUT CH3	2
4	OUTPUT CH4	3
5	OUTPUT CH5	4
6	OUTPUT CH6	5
7	OUTPUT CH7	6
8	OUTPUT CH8	7
9	0V	
10	24V	

表 1-6　X2 模块接口使用及地址分配

端子编号	使用定义	地址分配
1	OUTPUT CH9	8

(续)

端子编号	使 用 定 义	地 址 分 配
2	OUTPUT CH10	9
3	OUTPUT CH11	10
4	OUTPUT CH12	11
5	OUTPUT CH13	12
6	OUTPUT CH14	13
7	OUTPUT CH15	14
8	OUTPUT CH16	15
9	0V	
10	24V	

（2）X3、X4 模块接口

共两排数字输入接口，每排数字输入接口有 10 个端子，从左向右看，前 8 个端子为数字输入信号，第 9 个端子接 0V，第 10 个端子不使用。

信号地址分配方面，X3、X4 地址从 0 开始，X3 中 8 个输入信号地址分别为 0~7，X4 中 8 个输入信号地址分别为 8~15，X3、X4 具体使用及地址分配见表 1-7、表 1-8。

表 1-7 X3 模块接口使用及地址分配

端子编号	使 用 定 义	地 址 分 配
1	INPUT CH1	0
2	INPUT CH2	1
3	INPUT CH3	2
4	INPUT CH4	3
5	INPUT CH5	4
6	INPUT CH6	5
7	INPUT CH7	6
8	INPUT CH8	7
9	0V	
10	不使用	

表 1-8 X4 模块接口使用及地址分配

端子编号	使 用 定 义	地 址 分 配
1	INPUT CH9	8
2	INPUT CH10	9
3	INPUT CH11	10
4	INPUT CH12	11
5	INPUT CH13	12

(续)

端子编号	使用定义	地址分配
6	INPUT CH14	13
7	INPUT CH15	14
8	INPUT CH16	15
9	0V	
10	不使用	

（3）X5 模块接口

X5 模块接口是 DeviceNet 总线接口，从板卡下方向上看，每个端子的使用定义见表 1-9。端子 1~5 为 DeviceNet 用于总线通信；端子 6 为 GND 地址选择公共端；端子 7~12 用来决定板卡的地址，可用范围为 10~63。

表 1-9 X5 模块接口使用

端子编号	使用定义
1	0V（BLACK）
2	CAN 信号线（low）（通信终端低位）（BLUE）
3	屏蔽线
4	CAN 信号线(high)（通信终端高位)(WHITE)
5	24V（RED）
6	GND 地址选择公共端
7	模块 ID bit0
8	模块 ID bit1
9	模块 ID bit2
10	模块 ID bit3
11	模块 ID bit4
12	模块 ID bit5

ABB 标准 I/O 板是挂在 DeviceNet 网络上的，所以要设定板卡在网络中的地址。X5 模块接口中的端子 7~12 的跳线可以用来决定板卡的地址。如想要获得 10 的地址，可将第 8 脚和第 10 脚上的跳线剪去，如图 1-56 所示，2+8=10 就可以获得 10 的地址了。

2. 标准 I/O 板 DSQC651

标准 I/O 板 DSQC651，除提供了 8 个数字输入信号、8 个数字输出信号以外，还提供了 2 个模拟输出信号。其结构如图 1-57 所示，分为了 A、B、C、D、E、F、G 七个部分，有 X1、X3、X5、X6 这 4 个模块接口。A 部分是信号输出指示灯；B 部分 X1 模块接口是机器人数字输出接口，共 8 个输出端子；C 部分 X6 模块接口是机器人模拟输出接口；D 部分 X5 模块接口是 DeviceNet 接口；E 部分是模块状态指示灯；F 部分 X3 模块接口是机器人数字输入接口，共 8 个输入端子；G 部分是信号输入指示灯。

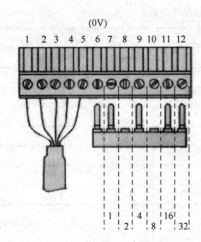

图 1-56 X5 模块接口接线实例图

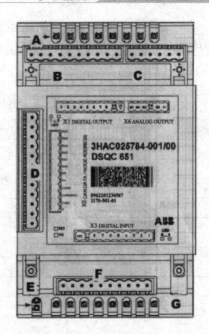

图 1-57 标准 I/O 板 DSQC651

下面,针对各模块接口的应用说明如下。

(1) X1 模块接口

共一排数字输出接口,每排数字输出接口有 10 个端子,从左向右看,前 8 个端子为数字输出信号,第 9 个端子接 0V,第 10 个端子接 24V 直流电源。

信号地址分配方面,X1 地址从 32 开始,X1 中 8 个输出信号地址分别为 32~39,具体使用及地址分配见表 1-10。

表 1-10 X1 模块接口使用及地址分配

端子编号	使用定义	地址分配
1	OUTPUT CH1	32
2	OUTPUT CH2	33
3	OUTPUT CH3	34
4	OUTPUT CH4	35
5	OUTPUT CH5	36
6	OUTPUT CH6	37
7	OUTPUT CH7	38
8	OUTPUT CH8	39
9	0V	
10	24V	

(2) X3 模块接口

共一排数字输入接口,每排数字输入接口有 10 个端子,从左向右看,前 8 个端子为数字输入信号，第 9 个端子接 0V，第 10 个端子不使用。

信号地址分配方面，X3 地址从 0 开始，信号地址分别为 0~7，具体使用及地址分配见表 1-11。

表 1-11　X3 模块接口使用及地址分配

端子编号	使用定义	地址分配
1	INPUT CH1	0
2	INPUT CH2	1
3	INPUT CH3	2
4	INPUT CH4	3
5	INPUT CH5	4
6	INPUT CH6	5
7	INPUT CH7	6
8	INPUT CH8	7
9	0V	
10	不使用	

（3）X6 模块接口

共一排模拟输出接口，包括两个模拟输出信号，每个模拟信号占 16 个地址，地址从 0 开始。第一个模拟信号地址为 0~15，第二个模拟信号地址为 16~31，具体使用及地址分配见表 1-12。

表 1-12　X6 模块接口使用及地址分配

端子编号	使用定义	地址分配
1	未使用	
2	未使用	
3	未使用	
4	0V	
5	模拟输出信号 1（AO1）	0~15
6	模拟输出信号 2（AO2）	16~31

（4）X5 模块接口

与标准 I/O 板 DSQC652 的 X5 使用方法一致，请查看本节前面的介绍。

1.2.3　应用标准 I/O 板数字接口

1. 数字输出接口应用

以 DSQC652 的 X1 模块接口为例，其接线实例图如图 1-58 所示。数字输出接口不能直接与执行元件相连，必须通过中间继电器进行转接，避免短路或电流过大而损坏接口。中间继电器一端连接数字输出接口，另一端连接 0V。第 9 个端子接 0V，第 10 个端子接 24V 直流电源（电源可以使用控制柜提供的内部 24V 电源）。

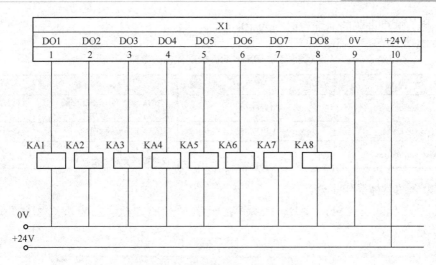

图 1-58　数字输出接口接线实例

2．数字输入接口应用

以 DSQC652 的 X3 模块接口为例，其接线实例图如图 1-59 所示。数字输入接口可直接与按钮、行程开关、传感器、PLC 输出接口等相连接，在图 1-59 中，第 1 个端子与按钮 SB1 一端连接，第 7 个端子与光电传感器 SP1 信号端连接。该端子排第 9 个端子接 0V，第 10 个端子不使用。

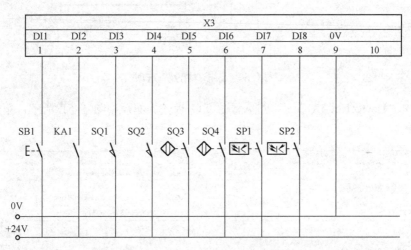

图 1-59　数字输入接口接线实例

1.2.4　创建标准 I/O 板

1-8　标准 I/O 板创建

ABB 常用的标准 I/O 板配置方法基本是一致的。下面以 DSQC652 板为例，介绍标准 I/O 板配置方法。

ABB 标准 I/O 板配置时的主要参数见表 1-13，包括 Name、Type of Unit、DeviceNet Address 三个。一定要注意的是：这里配置的地址必须与硬件设置的地址，也就是 X5 模块接口设置的地址完全一致，否则不能正常通信。如在 1.2.2 节的实例中，X5 模块接口设置的地址为10，那么这里设置的地址也必须为10。

表1-13 DSQC652板配置相关参数

参数名称	设定值	说明
Name	board10	设定I/O板在系统中的名字，可以以"board+地址"进行命名
Type of Unit	DSQC652	设定I/O板的类型
DeviceNet Address	10	设定I/O板在工业网络中的地址，注意必须与X5模块接口设置的地址一致

下面来介绍具体操作步骤。

1）在手动模式下，进入 ABB 主菜单，选择"控制面板"后单击"配置"选项，如图 1-60 所示。

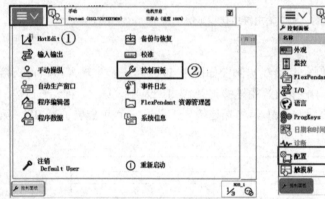

图 1-60 选择"配置"选项

2）双击"DeviceNet Device"，进入添加 I/O 板的界面，如图 1-61 所示，单击界面下方"添加"按钮。

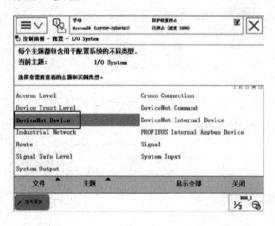
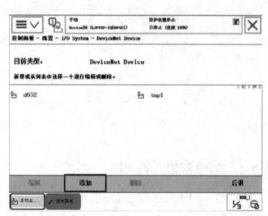

图 1-61 添加 I/O 板

3）在使用来自模板的值的下拉列表中，选择所配置板卡的类型，本实例即选择"DSQC 652 24 VDC I/O Device"，如图 1-62 所示。

4）如图 1-63 所示，单击"Name"参数，进入 I/O 板命名界面。

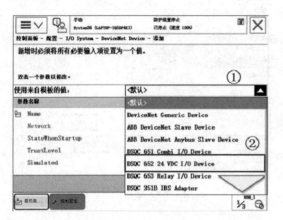
图 1-62　选择 I/O 板类型

图 1-63　I/O 板命名

5）输入该实例所设定的 I/O 板名称"board10"，单击"确定"，如图 1-64 所示。

6）单击如图 1-65 所示的"下翻页"或"下翻行"图标，找到并单击"Address"参数，进入设置 I/O 板在工业网络中地址的界面，如图 1-66 所示。

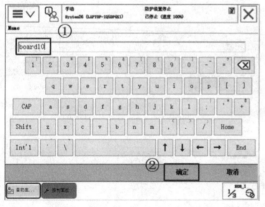
图 1-64　输入 I/O 板名称并确认

图 1-65　下翻并找到"Address"参数

7）在界面中输入 I/O 板在工业网络中的地址（本实例为 10），单击地址输入键盘上的"确定"，再单击下方"确定"按钮返回板卡配置界面，如图 1-67 所示。

8）参数设定完毕，单击"确定"按钮，确认 I/O 板配置，如图 1-68 所示。

9）I/O 板配置必须在系统重新启动后才能生效，因此会弹出是否重启的对话框。由于紧接着还要进行信号配置，可以在信号配置完成后再重新启动，这里可以先单击"否"，暂时不重启，如图 1-69 所示。

10）I/O 板配置完成后，可在界面中看到所配置的 I/O 板，如图 1-70 所示。

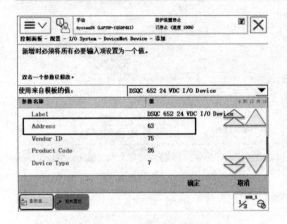 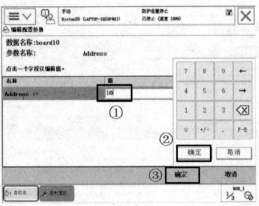

图 1-66　单击"Address"参数　　　　　图 1-67　输入地址并确认

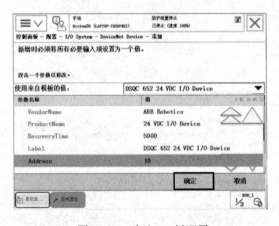 

图 1-68　确认 I/O 板配置　　　　　　图 1-69　选择不立刻重启

图 1-70　配置完成的 I/O 板

1.2.5 创建数字信号

在标准 I/O 板配置成功后,还需要配置程序所需要的信号。下面利用 1.2.4 节配置好的 I/O 板,按照图 1-58 连接第一个数字输出信号,按照图 1-59 连接第一个数字输入信号,分别介绍数字输入信号和输出信号的配置方法。

1. 数字输入信号配置

配置数字输入信号时的主要参数见表 1-14,包括 Name、Type of Signal、Assigned to Device、Device Mapping 四个。一定要注意的是:这里所配置的地址与板卡类型和信号口位置有关,如本实例中配置的信号属于 DSQC652 板,其第一个数字输入信号地址应为 0(每个信号口地址见 1.2.2 节)。

表 1-14 数字输入信号相关参数

参 数 名 称	设 定 值	说 明
Name	di1	设定数字输入信号在系统中的名称,可以以"di+序号或信号功能"进行命名
Type of Signal	Digital Input	设定信号类型为:数字输入信号
Assigned to Device	board10	设定信号所存在的 I/O 板名称
Device Mapping	0	设定信号所占用的地址,具体见 1.2.2 节地址分配

下面来介绍具体配置操作。

1)在手动模式下,进入 ABB 主菜单,选择 "控制面板"后单击"配置"选项,如图 1-71 所示。

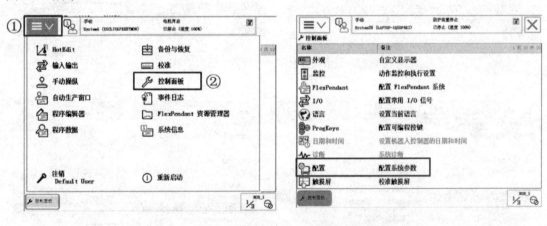

图 1-71 选择"配置"选项(配置数字输入信号)

2)双击"Signal",进入添加信号的界面,单击界面下方"添加"按钮,如图 1-72 所示。

3)进入信号配置界面后,单击"Name"参数,进入信号名称设置界面,修改信号名称为"di1"并单击界面下方的"确定"按钮,如图 1-73 所示。

4)单击"Type of Signal"参数,设定信号类型,在下拉菜单中选择数字输入信号"Digital Input"作为信号的类型,如图 1-74 所示。

5)单击"Assigned to Device"参数,设定信号所在的 I/O 板的名称,在下拉菜单中选择"board10",如图 1-75 所示。

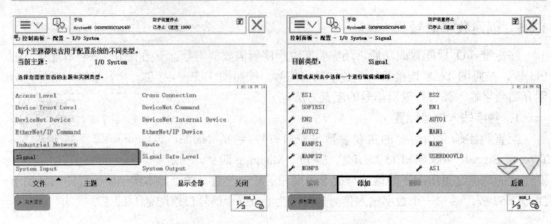

图 1-72 添加信号（配置数字输入信号）

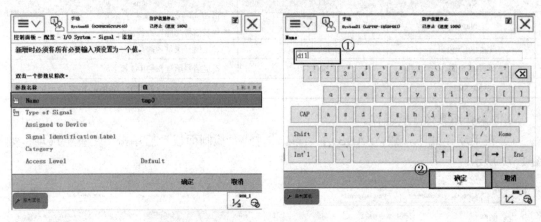

图 1-73 设置信号名称（配置数字输入信号）

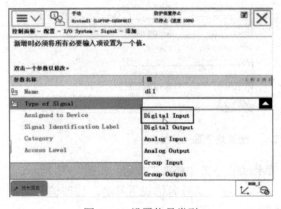

图 1-74 设置信号类型
（配置数字输入信号）

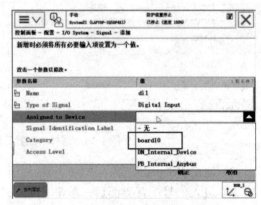

图 1-75 设定信号所在的 I/O 板
（配置数字输入信号）

6）单击"Device Mapping"参数，进入信号地址设置界面，修改信号地址为"0"并单击界面下方的"确定"按钮，如图 1-76 所示。

学习情境1 搬运机器人编程与调试

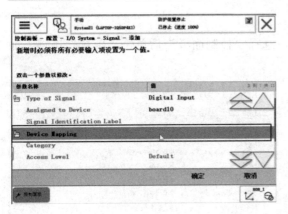 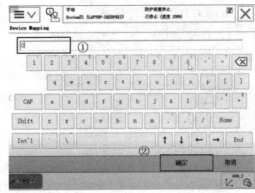

图 1-76 设置信号地址（配置数字输入信号）

7）单击"确定"以确认所配置的信号参数，如图 1-77 所示。

8）信号配置必须在系统重新启动后才能生效，因此会弹出是否重启的对话框。如果不再配置信号，则单击"是"以重新启动系统，如果还要进行信号配置，可以在信号配置完成后再重新启动，这里可以先单击"否"暂时不重启，如图 1-78 所示。

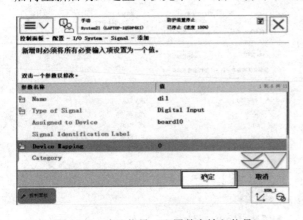 

图 1-77 确认信号（配置数字输入信号）　　　图 1-78 选择信号是否重启

2. 数字输出信号配置

配置数字输出信号时的主要参数见表 1-15，包括 Name、Type of Signal、Assigned to Device、Device Mapping 四个。一定要注意的是：这里配置的地址与板卡类型和信号口位置有关，如本实例中配置的信号属于 DSQC652 板，其第一个数字输出信号地址应为 0（每个信号口地址请回顾 1.2.2 节）。

1-10 数字输出信号配置

表 1-15 数字输出信号相关参数

参数名称	设定值	说明
Name	do1	设定数字输出信号在系统中的名称，可以以"do+序号或信号功能"进行命名
Type of Signal	Digital Output	设定信号类型为：数字输出信号
Assigned to Device	board10	设定信号所存在的 I/O 板名称
Device Mapping	0	设定信号所占用的地址，具体见 1.2.2 节地址分配

下面来介绍具体配置操作。

1）在手动模式下，进入 ABB 主菜单，选择"控制面板"后单击"配置"选项，如图 1-79 所示。

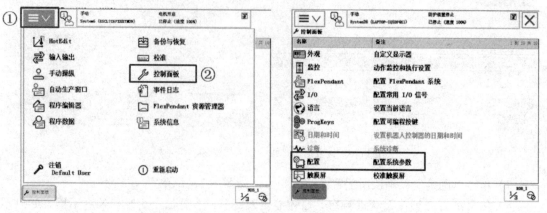

图 1-79　选择"配置"选项（配置数字输出信号）

2）双击"Signal"，进入添加信号的界面，单击界面下方"添加"按钮，如图 1-80 所示。

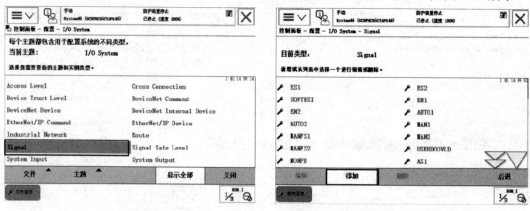

图 1-80　添加信号（配置数字输出信号）

3）进入信号配置界面后，单击"Name"参数，进入信号名称设置界面，修改信号名称为"do1"并单击界面下方的"确定"按钮，如图 1-81 所示。

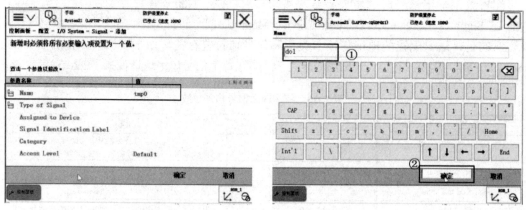

图 1-81　设置信号名称（配置数字输出信号）

4）单击"Type of Signal"参数，设定信号类型，在下拉菜单中选择数字输出信号"Digital Output"作为信号的类型，如图 1-82 所示。

5）单击"Assigned to Device"参数，设定信号所在的 I/O 板的名称，在下拉菜单中选择"board10"，如图 1-83 所示。

图 1-82　设置信号类型
（配置数字输出信号）

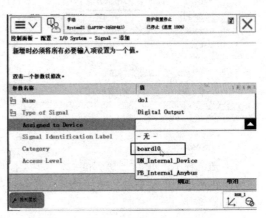
图 1-83　设定信号所在的 I/O 板
（配置数字输出信号）

6）单击"Device Mapping"参数，进入信号地址设置界面，修改信号地址为"0"并单击界面下方的"确定"按钮，如图 1-84 所示。

7）后面的操作与数字输入信号创建一致，单击"确定"以确认所配置的信号参数。信号配置必须在系统重新启动后才能生效，因此会弹出是否重启的对话框。如果不再配置信号，则单击"是"以重新启动系统，如果还要进行信号配置，可以在信号配置完成后再重新启动，这里可以先单击"否"暂时不重启。

1.2.6　配置可编程快捷按键

示教器可编程按键为如图 1-85 所示的方框内的四个按键。分别为按键 1～4，在操作时，可以为可编程按键分配想快捷控制的 I/O 信号，以方便对 I/O 信号进行强制与仿真操作。具体操作如下：

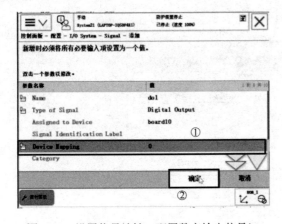
图 1-84　设置信号地址（配置数字输出信号）

图 1-85　可编程快捷按键

1)进入 ABB 主菜单,选择"控制面板",单击"配置可编程按键"如图 1-86 所示。

图 1-86 选择"配置可编程按键"

2)进入配置可编程按键界面后,可以选择对按键 1~4 进行配置,配置类型包括"无""输出""输入"和"系统"。以 do1 输出信号为例,选中"按键 1",在"类型"中选择"输出",如图 1-87 所示。

3)在"按下按键"中选择"按下/松开",如图 1-88 所示,也可以根据实际需要选择按键的动作特性。

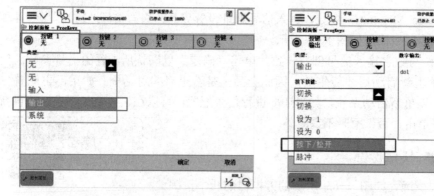

图 1-87 按键 1 的配置输出信号　　　　图 1-88 选择切换方式

4)在数字输出中选中"do1",在"按下按键"中选择"按下/松开"(也可以根据实际需要选择按键的动作特性),如图 1-89 所示。

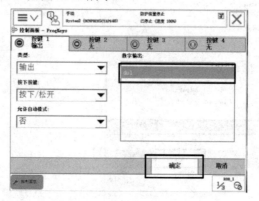

图 1-89 选择"do1"后确认

5）单击"确定"，完成设置。配置后就可以通过可编程按键 1 在手动状态下对 do1 数字输出信号进行强制的操作，按键 2~4 可重复以上步骤进行配置。

1-12 数字信号的查看与仿真

1.2.7 查看与仿真数字信号

系统创建完成并重新启动后，创建的所有信号可进行查看与仿真操作，以便在机器人调试和检修时使用。数字信号查看与仿真操作如下。

1. 查看信号

1）进入 ABB 主菜单，选择"输入输出"，如图 1-90 所示。

2）打开右下角的"视图"菜单，选择"IO 设备"，如图 1-91 所示。

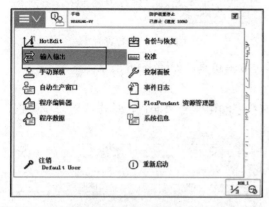

图 1-90 选择"输入输出"

图 1-91 选择"IO 设备"

3）在界面中选择需要查看与仿真的 I/O 板，如这里选择"d651"板，单击下方"信号"按钮，如图 1-92 所示。

4）此时界面中显示出"d651"板所定义的信号，并可查看每个信号的当前值、类型及所属 I/O 板，如图 1-93 所示。

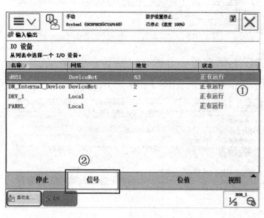

图 1-92 选择需要查看的 I/O 板

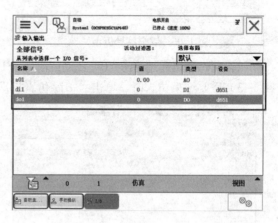

图 1-93 信号信息

2. 数字输入信号仿真

1）在查看操作的基础上，选中需要仿真的数字输入信号"di1"，单击"仿真"按钮，如图 1-94 所示。

2）此时即可通过单击"0"或"1",将di1的状态仿真置为0或1,如图1-95所示。

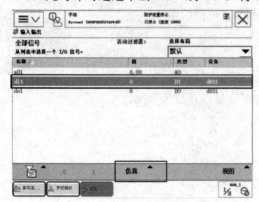
图1-94　选择数字输入信号进行仿真

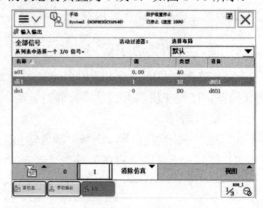
图1-95　信号置为1

3）需要结束仿真时,单击"清除仿真"即可取消仿真,如图1-96所示。

3. 数字输出信号仿真

1）在查看操作的基础上,选中需要仿真的数字输出信号"do1",单击"仿真"按钮,如图1-97所示。

图1-96　取消信号仿真

图1-97　选择数字输出信号进行仿真

2）此时即可通过单击"0"或"1",将do1的状态仿真置为0或1,如图1-98所示。

3）需要结束仿真时,单击"清除仿真"即可取消仿真,如图1-99所示。

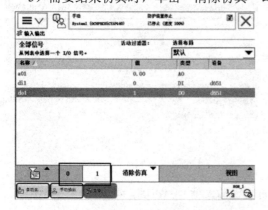
图1-98　信号置为1

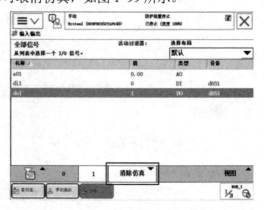
图1-99　取消信号仿真

1.2.8 搬运机器人信号

这里采用的是 ABB IRB1200 机器人，其标准 I/O 板 DSQC652 的 X5 端子设置硬件地址为 10。若搬运机器人工作流程如图 1-100 所示，则需要的数字输入信号包括启动按钮按下时传递的启动信号、传送带上光电开关传递的产品到位信号；需要的数字输出信号包括机器人通知手爪张开与夹紧。若实现手爪张开与夹紧动作的气缸采用两位三通电磁阀进行控制，那么手爪张开或夹紧只需要一个数字输出信号即可（如信号为 0 则手爪张开，信号为 1 则手爪夹紧）。

根据上述内容，绘制出标准 I/O 板数字输入端子 X3 的接线图如图 1-101 所示；数字输出端子 X1 的接线图如图 1-102 所示，中间继电器 KA1 的线圈与数字输出接口 1 连接。而该中间继电器的常开触点与控制气缸的电磁阀线圈 YV1 串联，如图 1-103 所示。当机器人数字输出信号为 1 时，中间继电器 KA1 线圈得电，致使电磁阀 YV1 线圈得电，控制手爪气缸实现夹紧动作。

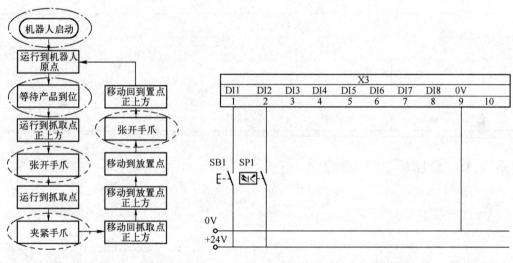

图 1-100 搬运流程需要信号的环节　　　　图 1-101 X3 端子接线图

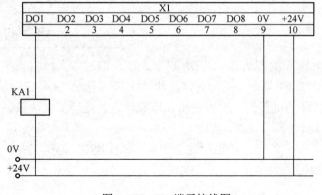

图 1-102 X1 端子接线图

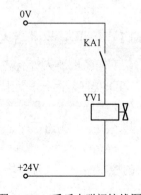

图 1-103 手爪电磁阀接线图

1.2.9 搬运机器人信号配置

板卡配置表见表 1-16，信号配置表见表 1-17。根据配置表，即可按配置步骤完成 I/O 板与信号的配置，并利用信号仿真操作检查信号是否能正常运行。为方便后期调试，还可将这三个信号配置为可编程快捷按键。

表 1-16 板卡配置列表实例

I/O 板配置信息（参考用）							
序号	板卡类型	板卡名称	地址	板卡所提供信号个数（单位：个）			
				数字输入	数字输出	模拟输入	模拟输出
1	DSQC652	board10	10	16	16	0	0

表 1-17 信号配置列表实例

信号配置信息（参考用）					
序号	信号名称	信号类型	所属板卡	地址	备注
1	di_star	数字输入信号	board10	0	运行启动信号
2	di_pick	数字输入信号	board10	1	产品到位信号
3	do_tool	数字输出信号	board10	0	手爪控制信号

任务 1.3 编写机器人程序

 任务描述

依据任务 1.1 所绘制的搬运机器人工作流程，利用前两个任务创建的点位数据和数字信号，分析与学习该搬运机器人控制程序所需的运动指令与信号指令，在机器人示教器中编写搬运机器人运行程序。

搬运技术要求：同任务 1.1。

1-13 RAPID 程序结构

1.3.1 认识工业机器人程序

不同的机器人都有各自的程序名称和编程语言。ABB 机器人使用的机器人控制程序为 RAPID 程序，是一种近似于 C 语言的程序类别，由特定词汇和语法编写而成。RAPID 是一种英文编程语言，所包含的指令可以移动机器人、设置输出、读取输入，还能实现决策、重复其他指令、构造程序、与系统操作员交流等功能。

RAPID 程序包含了一连串控制机器人的指令，执行这些指令可以实现对 ABB 工业机器人的控制操作，其程序格式如图 1-104 所示。

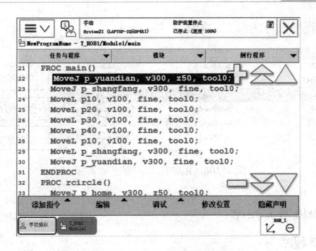

图 1-104　RAPID 程序指令

RAPID 程序框架实例见表 1-18，结构特点如下。

表 1-18　RAPID 程序框架

程序模块 1	程序模块 2	程序模块 3	…	系统模块 n
程序数据	程序数据	程序数据	…	程序数据
主程序 main()	例行程序	例行程序	…	例行程序
例行程序	中断程序	中断程序	…	中断程序
中断程序	功能程序	功能程序	…	功能程序
功能			…	

1）RAPID 程序是由程序模块与系统模块组成的，如图 1-105 所示。一般地，只通过新建程序模块来构建机器人的程序，而系统模块多用于系统方面的控制。

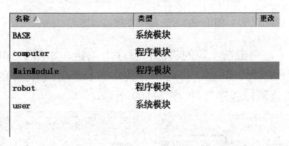

图 1-105　RAPID 程序模块与系统模块

2）可以根据不同的用途创建多个程序模块，如专门用于主控制的程序模块，用于位置计算的程序模块，用于存放数据的程序模块，这样便于归类管理不同用途的例行程序与数据。

3）每一个程序模块包含了例行程序、中断程序和功能程序三种对象（见图 1-106），但不一定在每一个模块中都有这三种对象，程序模块之间的数据、例行程序、中断程序和功能是可以互相调用的。

4）在 RAPID 程序中，只有一个主程序 main()，它可以存在于任意一个程序模块中，并且作为整个 RAPID 程序执行的起点，如图 1-106 所示。

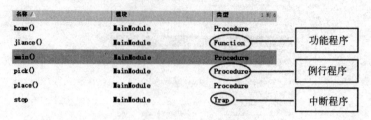

图 1-106　RAPID 程序的三种对象

1.3.2　创建与编辑机器人程序

1. 创建 RAPID 程序

创建 RAPID 程序的操作方法如下。

1）进入 ABB 主菜单，选择"程序编辑器"，在弹出的提示对话框中单击"新建"按钮，如图 1-107 所示，即可自动新建一个主程序。

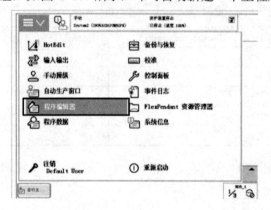
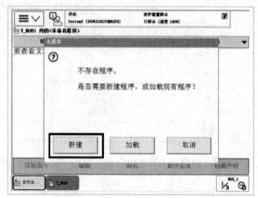

图 1-107　选择"程序编辑器"

2）在主程序界面中，单击右上角的"例行程序"按钮，如图 1-108 所示。

3）此时进入例行程序列表界面，可对例行程序进行新建与编辑操作。单击左下方"文件"上拉菜单中的"新建例行程序"，如图 1-109 所示。

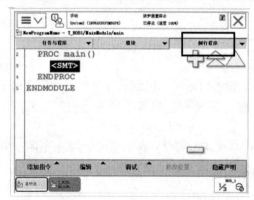

图 1-108　选择"例行程序"　　　　　图 1-109　选择"新建例行程序"

4）在弹出的例行程序声明界面中，单击"ABC…"按钮进行例行程序名称的设置，如本实例设置例行程序名称为"r_pick"。设置完名称之后，单击下方的"确定"按钮，如图1-110所示。

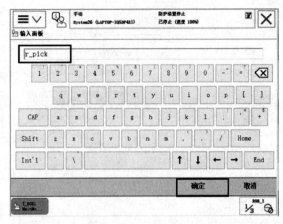

图 1-110　设置例行程序名称

5）在"类型"下拉菜单中设置该程序的类型，可选择创建例行程序、功能程序和中断程序中的一种，本实例创建普通例行程序，因此选择"程序"选项，如图 1-111 所示。

6）在"模块"下拉菜单中设置该程序属于已存在的哪个程序模块。本实例选择"MainModule"程序模块，如图 1-112 所示。

图 1-111　选择程序类型　　　　　　　　　图 1-112　选择程序所属模块

7）程序声明完成后，单击"确定"按钮确认创建，如图 1-113 所示。此时界面返回到程序列表框，可看到新建的例行程序已存在于列表框中，如图 1-114 所示。

2．编辑例行程序

1）复制：在例行程序列表框中，选中需要复制的目标例行程序，单击"文件"，选择"复制例行程序"。设置复制后的新名称、类型及所属程序模块等参数，单击"确定"，如图 1-115 所示。

图 1-113 程序创建确认　　　　图 1-114 创建好的例行程序

图 1-115 复制例行程序

2）移动：在例行程序列表框中，选中需要移动的目标例行程序，单击"文件"，选择"移动例行程序"。选择移动后所属的程序模块，单击"确定"，如图 1-116 所示。

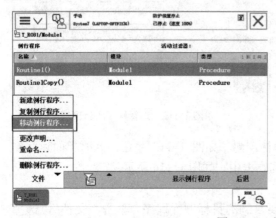

图 1-116 移动例行程序

3）更改声明：在例行程序列表框中，选中需要更改声明的目标例行程序，单击"文件"，选择"更改声明"。可以更改当前例行程序的参数选项，完成后单击"确定"，如图 1-117 所示。

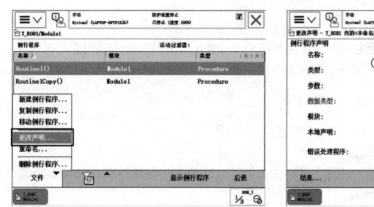

图 1-117　例行程序更改声明

4）重命名：在例行程序列表框中，选中需要重命名的目标例行程序，单击"文件"，选择"重命名"。设置例行程序新名称后，单击"确定"，如图 1-118 所示。

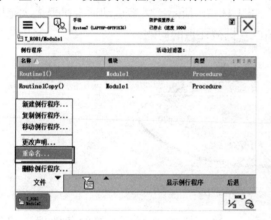
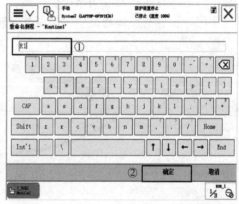

图 1-118　例行程序重命名

5）删除：在例行程序列表框中，选中需要删除的目标例行程序，单击"文件"，选择"删除例行程序"。在弹出的对话框中，单击"确定"即可删除该例行程序，如图 1-119 所示。

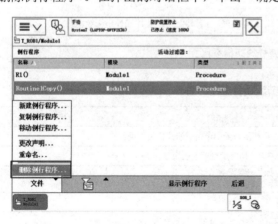
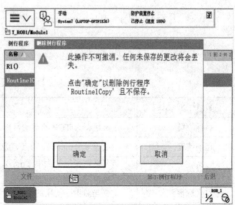

图 1-119　删除例行程序

1.3.3 关节运动与线性运动指令

所谓运动指令，是指以指定的移动速度和移动方法使机器人向作业空间内的指定位置进行移动的控制语句。ABB 机器人在空间中的运动主要包括四种方式：

1) 关节运动（MoveJ）；
2) 线性运动（MoveL）；
3) 圆弧运动（MoveC）；
4) 绝对位置运动（MoveAbsJ）。

本学习情境只需要应用其中两种方式：关节运动（MoveJ）、线性运动（MoveL），下面分别进行这两种运动指令的介绍。

1. 关节运动——MoveJ

【作用】关节运动指令是指在路径精度要求不高的情况下，工业机器人的工具中心点（TCP）从一个点快速运动到另一个点。

【特点】关节运动时，机器人以最快捷的方式运动至目标点，机器人运动轨迹不完全可控，也不一定为直线，但运动路径保持唯一，如图 1-120 所示。关节运动适合机器人大范围运动时使用，不容易在运动过程中出现关节轴进入机械死点的问题。

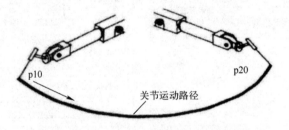

图 1-120 关节运动路径

【格式】关节运动指令格式如图 1-121 所示，MoveJ 指令后面所接的各数据说明见表 1-19。

图 1-121 关节运动指令格式

表 1-19 关节运动各数据说明

数据	定义
目标位置	定义机器人 TCP 的运动目标，可在示教器中单击"修改位置"进行修改
运动速度	定义速度（mm/s）。在手动状态下，所有运动速度被限速在 250mm/s
转弯数据	定义转弯半径的大小（mm），如果转弯半径设置为"fine"，表示机器人 TCP 达到目标点，在目标点速度降为零
工具坐标数据	定义当前指令使用的工具坐标
工件坐标数据	定义当前指令使用的工件坐标，如果使用 wobj0，该数据可省略不写

注意：

使用时注意以下几点：

1）定义的机器人 TCP 运动目标点位只能是 robtarget 类型，可以选择以前定义好的，也可以新建。

2）机器人编程时有多种速度供用户选择，必要时还可以新建其他速度。

3）转弯区半径的解释如图 1-122 所示，机器人从 p10 经过 p20 最终到达 P30。如果从 p10 运动到 p20 时使用 "fine"，机器人会从 p10 加速达到设定速度，然后匀速运行，当快要达到 p20 时开始减速，最终速度降为 0 到达 p20，再以相同运行方式从 p20 到达 p30。如果从 p10 运动到 p20 时使用 "z50" 作为转弯半径，则机器人不会先停于 p20 再到达 p30，而是在与 p20 相距 50mm 处以设定的运行速度按如图 1-122 中虚线所示轨迹转弯到 p30，避免多次停机造成电机损耗。

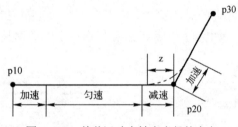

图 1-122　关节运动中转弯半径的含义

2. 线性运动——MoveL

【作用】线性运动是指机器人 TCP 以线性方式运动至目标点。

【特点】线性运动时，当前点与目标点决定一条直线，如图 1-123 所示。机器人运动状态可控，运动路径保持唯一，不能离得太远，否则可能会出现死点。常用于机器人工作状态移动，如焊接、涂胶等对路径要求高的场合或从某一点正上方准确运行到该点的场合。

图 1-123　线性运动路径

【格式】线性运动指令格式如图 1-124 所示，各数据说明与关节运动（MoveJ）一致，见表 1-19。

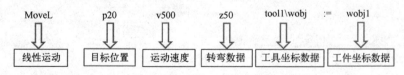

图 1-124　线性运动指令格式

3. 添加运动指令

下面以添加线性运动（MoveL）指令为例，讲解运动指令的添加操作。

1）进入 ABB 主菜单，选择"程序编辑器"，打开需要添加运动指令的例行程序，单击选中添加位置，单击"添加指令"，如图 1-125 所示。

2）在右边弹出的指令列表中单击需要添加的指令"MoveL"，如图1-126所示。

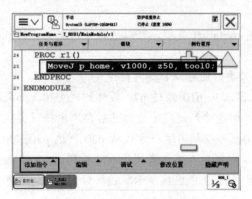

图1-125 选择"添加指令"

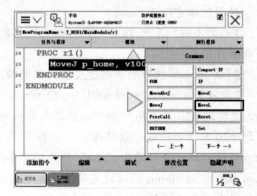

图1-126 选择添加MoveL

3）弹出添加指令位置的询问对话框，单击"下方"，如图1-127所示。

4）此时指令添加成功，如图1-128所示。但指令中的数据是默认值，需要根据实际情况进行更改。

图1-127 单击在下方添加指令

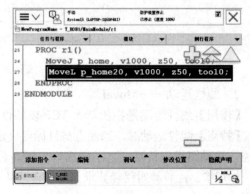

图1-128 添加的MoveL

5）选中并单击该行指令，弹出如图1-129所示指令数据列表界面。单击指令中的第一个数据"ToPoint"，进行目标位置更改，弹出如图1-130所示对话框，其中列出了所有已存在的robtarget类型的点位数据。可在这些已建立的点位数据中选择一个点位为目标位置，也可单击"新建"重新建立一个点位数据作为目标位置。本实例选择"p_pick"点位为目标位置。

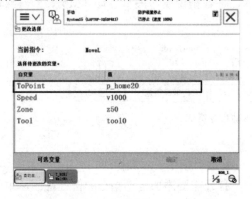

图1-129 单击MoveL数据

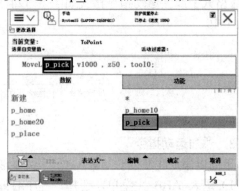

图1-130 选择目标位置

6）在上方的指令中选中并单击第二个速度数据，下方显示出了所有已存在的速度数据，供用户根据需求选择不同的 TCP 运行速度，本例将运行速度设置为"v300"，如图 1-131 所示。

7）在上方的指令中选中并单击第三个转弯数据，下方显示出了所有已存在的转弯数据，供用户根据需求选择不同的转弯半径。本例选择"fine"，要求机器人准确到达目标位置，如图 1-132 所示。

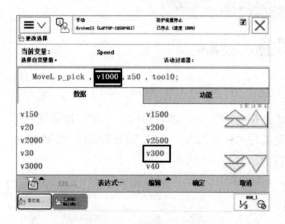

图 1-131　设置速度数据

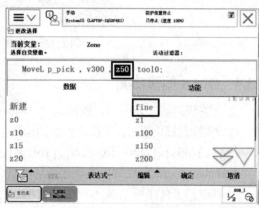

图 1-132　设置转弯数据

8）在上方的指令中选中并单击第四个工具数据，下方显示出了所有已存在的工具坐标，本例选择系统默认存在的工具坐标"tool0"，如图 1-133 所示。数据设定完成后，单击"确定"。

9）在弹出的界面中再次单击"确定"，如图 1-134 所示。

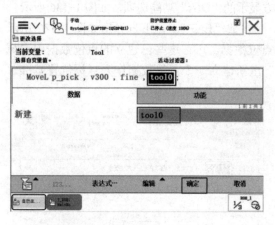

图 1-133　设置工具数据

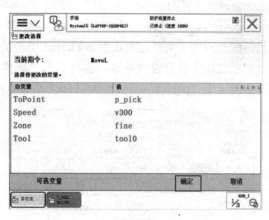

图 1-134　确认设置

10）指令数据更改完成，显示指令如图 1-135 所示。

图 1-135 添加并设置成功的指令

1.3.4 OFFS 偏移功能

配合关节运动（MoveJ）、线性运动（MoveL）指令的使用，以运动指令选定的目标点为基准，可使实际目标位置在目标点的基础上沿着选定工件坐标系的 X、Y、Z 轴方向偏移一定距离。

【格式】offs{ [Point]，[Xoffset]，[Yoffset]，[Zoffset] }

Point: robtarget 点位数据。

Xoffset：工件坐标系 X 方向偏移值(mm)。

Yoffset：工件坐标系 Y 方向偏移值(mm)。

Zoffset：工件坐标系 Z 方向偏移值(mm)。

【实例】MoveL offs(p2, 0, 0, 10), v500, z50, tool1;

//将机械臂移动至 p2 点 Z 轴方向正上方 10 mm 的位置。

1-15 偏移功能添加操作

【添加操作】

1）在完成关节运动（MoveJ）或线性运动（MoveL）指令的添加后，单击相应的指令进入指令数据修改界面，单击"功能"选项，选择下方显示的"Offs"功能选项，如图 1-136 所示。

2）进入 Offs 功能参数设置界面，选中第一个参数"EXP"，在下方弹出如图 1-137 所示对话框，列出了所有已存在的 robtarget 类型的点位数据。可在这些已建立的点位数据中选择一个点位作为目标位置基准，也可单击"新建"重新建立一个点位数据作为目标位置基准。本实例选中"p_pick"点位作为目标位置基准。

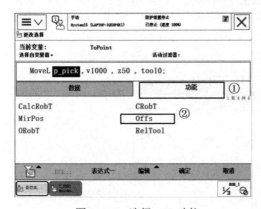

图 1-136 选择 Offs 功能

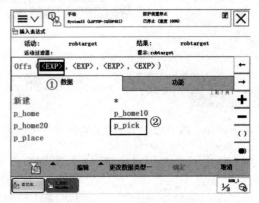

图 1-137 选择目标位置基准点位

3)选中第二个参数"EXP",在第一个参数选定的目标点位基础上,设定 X 方向的偏移量。单击下方"编辑"菜单中的"仅限选定内容",如图 1-138 所示。

4)输入 X 方向的偏移量"0",单击"确定",如图 1-139 所示。

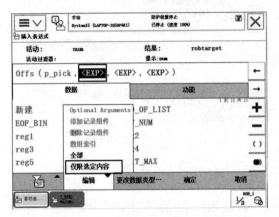

图 1-138 选择设置 X 方向偏移值

图 1-139 设置 X 方向偏移值为 0

5)选中第三个参数"EXP",在第一个参数选定的目标点位基础上,设定 Y 方向的偏移量。单击下方"编辑"菜单中的"仅限选定内容",如图 1-140 所示。输入 Y 方向的偏移量"0",单击"确定"。

6)选中第四个参数"EXP",在第一个参数选定的目标点位基础上,设定 Z 方向的偏移量。单击下方"编辑"菜单中的"仅限选定内容",如图 1-141 所示。输入 Z 方向的偏移量"100",单击"确定"。

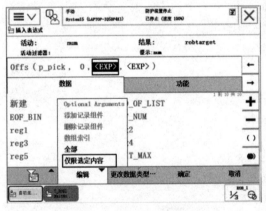

图 1-140 设置 Y 方向偏移值为 0

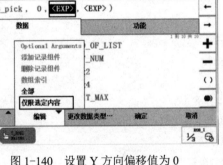

图 1-141 设置 Z 方向偏移值为 100

7)参数设置完成,单击"确定",如图 1-142 所示。

8)Offs 功能添加完成,显示目标位置数据如图 1-143 所示。

1.3.5 数字信号通信指令

1. 读取输入信号状态的指令

(1)等待数字输入信号指令——WaitDI

【作用】等待一个数字输入信号状态为设定值。

1-16 机器人数字输入通信指令

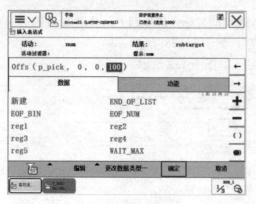 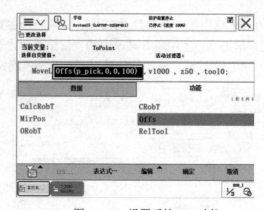

图 1-142　确认设置　　　　　　　　　　图 1-143　设置后的 offs 功能

【实例】WaitDI Di1，1;　//等待数字输入信号 Di1 为 1 之后，才执行下面的指令。

【常用功能】添加"\MaxTime"功能，可设置允许等待的最长时间，单位以秒计，如：

WaitDI di1,1\ MaxTime:= 0.2；//如果在 0.2s 内 di1 还未为 1，则将调用错误处理器，错误代码为 ERR_WAIT_MAXTIME。

（2）等待各类信号或数据指令——WaitUntil

【作用】等待指令后面的条件为 True 之后，继续执行下面的指令。

【实例】WaitUntil Di1=1;　//等同于"WaitDI Di1，1;"等待数字输入信号 Di1 为 1 之后，才执行下面的指令。

【注意】WaitUntil 比 WaitDI 应用范围更广，不仅可用于信号的条件判断，还可用于各类数据条件判断，如：

　　　　WaitUntil bRead=False;
　　　　WaitUntil num1=1;

2. 置位复位指令

（1）置位指令——Set

【作用】将数字输出信号置为 1。

【实例】Set Do1;　//将数字输出信号 Do1 置为 1。

（2）复位指令——Reset

【作用】将数字输出信号置为 0。

【实例】Reset Do1;　//将数字输出信号 Do1 置为 0。

（3）设置数字输出信号指令——SetDO

【作用】将数字输出信号置为 1 或置为 0。

【实例】SetDO Do1,1;　//等同于"Set Do1;"，即将数字输出信号 Do1 置为 1。
　　　　SetDO Do1,0;　//等同于"Reset Do1;"，即将数字输出信号 Do1 置为 0。

【注意】SetDO 还可设置延迟时间，如：

SetDO \SDelay := 0.2，Do1,1;　//延迟 0.2s 后将 Do1 置为 1。

1-17　机器人数字输出通信指令

3. 延时指令——WaitTime

【作用】用于机器人等待给定的时间。

【实例】WaitTime 0.5;　//程序执行等待 0.5s。

4．数字信号指令添加操作

各种数字信号指令的添加操作步骤是相似的，下面以 Set 指令和 WaitTime 指令的添加为例，讲解信号指令的添加操作步骤。

（1）Set 指令添加操作

① 进入 ABB 主菜单，选择"程序编辑器"，打开需要添加信号指令的例行程序，选中要添加的位置，单击"添加指令"，选择右列的"Set"指令，如图 1-144 所示。

② 在弹出的指令设置界面中，选择需要置位的数字输出信号，本例选择"do1"，如图 1-145 所示。

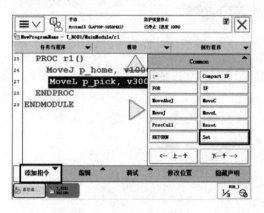

图 1-144　添加 Set 指令　　　　　　　　图 1-145　选择值位的信号

③ 单击"确定"按钮，如图 1-146 所示。

④ 信号指令添加完成后，指令将会显示在程序中，如图 1-147 所示。

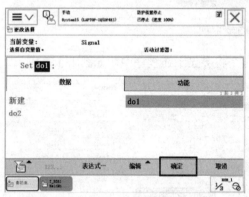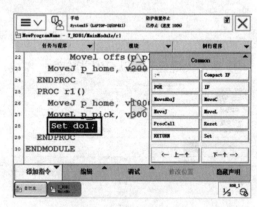

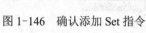

图 1-146　确认添加 Set 指令　　　　　　图 1-147　添加成功的 Set 指令

（2）WaitTime 指令添加操作

① 进入 ABB 主菜单，选择"程序编辑器"，打开需要添加运动指令的例行程序，选中要添加的位置，单击"添加指令"，单击右列下方的"下一个"按钮，如图 1-148 所示。

② 选择"WaitTime"指令，如图 1-149 所示。

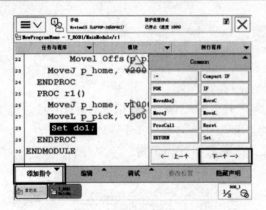 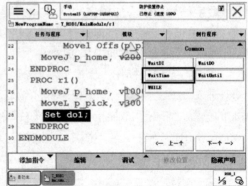

图 1-148　下翻页找到 WaitTime 指令　　　　图 1-149　添加 WaitTime 指令

③ 在弹出的指令设置界面中，单击下方的"123"，设置延迟时间为"0.5"，单击"确定"，如图 1-150 所示。

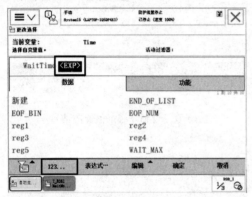 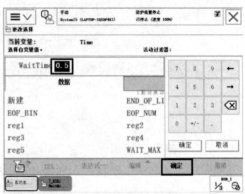

图 1-150　设置延迟时间

④ 单击"确定"确认延时指令添加完成，指令将会显示在程序中，如图 1-151 所示。

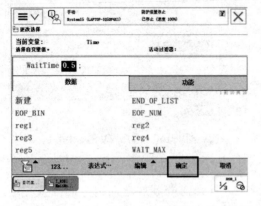 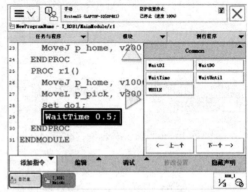

图 1-151　添加成功的 WaitTime 指令

1.3.6　搬运机器人指令分析

依据任务 1.1 的参考工作流程，筛选出机器人信号控制步骤如图 1-152 所示。机器人等待启动信号,以及等待产品到位均可采用 WaitDI 指令进行控制。控制手爪张开即是将输出信号置为 0,采用 Reset 指令;手爪夹紧即是将输出信号置为 1,采用 Set 指令。

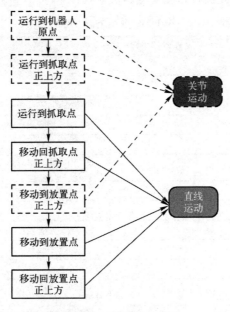

图 1-152 信号指令分析

筛选出的机器人运动控制步骤如图 1-153 所示。机器人从目标点位正上方移动到目标点位,或者从目标点位移动回正上方,为了移动准确不发生碰撞,需要采用直线运动指令 MoveL 才能准确到达。而其他运动对运行轨迹没有要求,关键是快速以提高效率,因此采用关节运动指令 MoveJ 即可。

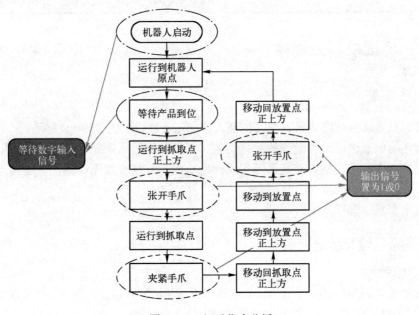

图 1-153 运动指令分析

1.3.7 搬运机器人程序

依据任务 1.1 的参考工作流程,编写搬运机器人参考程序,见表 1-20。

表 1-20 搬运程序实例

程序列表(参考用)	
程　　序	注　　释
PROC main()	主程序
Waitdi di_star,1;	等待机器人启动信号为 1 后向下运行
MoveJ p_home,v300,fine,tool0;	关节运动到原点,速度 300mm/s,准确到达
Waitdi di_pick,1;	等待产品到位信号为 1 后向下运行
MoveJ offs(p_pick,0,0,100),v300,z50,tool0;	关节运动到抓取点正上方 100mm 处,速度 300mm/s,转弯半径 50mm
Reset do_tool;	手爪张开
Waittime 0.5;	延时 0.5s
MoveL p_pick,v100,fine,tool0;	线性运动到抓取点,速度 100mm/s,准确到达
Set do_tool;	手爪夹紧
Waittime 0.5;	延时 0.5s
MoveL offs(p_pick,0,0,100),v300,z50,tool0;	线性运动回到抓取点正上方 100mm 处,速度 300mm/s,转弯半径 50mm
MoveJ offs(p_place,0,0,100),v300,fine,tool0;	关节运动到放置点正上方 100mm 处,速度 300mm/s,准确到达
MoveL p_place,v100,fine,tool0;	线性运动到放置点,速度 100mm/s,准确到达
Reset do_tool;	手爪张开
Waittime 0.5;	延时 0.5s
MoveL offs(p_place,0,0,100),v300,z50,tool0;	线性运动回到放置点正上方 100mm 处,速度 300mm/s,转弯半径 50mm
ENDPROC	主程序结束

任务 1.4　调试机器人程序

 任务描述

针对搬运机器人工作站场景,学习机器人手动运行控制的方法,将任务 1.3 中编写的机器人程序所使用的点位修改到准确的目标位置。然后在机器人手动状态下,先利用单步运行的方式运行机器人程序,检查其是否能实现搬运功能。反复检查无误后,再连续运行机器人程序实现最终的搬运功能。

搬运技术要求:同任务 1.1。

1.4.1　基坐标系与大地坐标系

1. 基坐标系

工业机器人的基坐标系在工业机器人基座中都有相应的零点,从而使固定安装的机器人的移动具有可预测性。因此,基坐标系对于将机器人从一个位置移动到另一个位置很有帮助。

ABB 机器人的基坐标原点一般设定在底座中心,X、Y、Z 轴方向如图 1-154 所示。其中，Z 轴垂直于底座，X 轴由机器人尾部指向前方，Y 轴根据如图 1-155 所示的右手笛卡儿坐标进行判断。

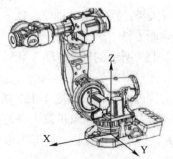
图 1-154 基坐标系

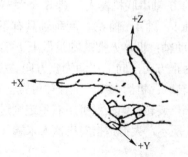
图 1-155 右手笛卡儿坐标

2. 大地坐标系

大地坐标系主要用于处理若干个机器人协同工作或由外轴（如行走导轨）移动机器人的工作情况。如图 1-156 所示，两台机器人协同工作，A 坐标系为机器人 1 的基坐标系，C 坐标系为机器人 2 的基坐标系，B 为两台机器人的大地坐标系。两台机器人的基坐标系位置不同，但采用共同的大地坐标系，这样可使该工作单元的两台机器人有一个固定的零点。

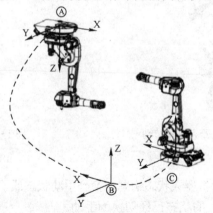
图 1-156 多机器人单元坐标系

注意：在默认情况下，大地坐标系与基坐标系的位置是一致的。

1-18 关节运动

1.4.2 关节运动

1. 关节运动概述

一般的串联机器人是由 6 个伺服电动机分别驱动机器人的 6 个关节轴，那么每次手动操纵一个关节轴的运动，就称为关节运动。

关节运动时，机器人不以工具中心点（TCP）为参照，运动轨迹中机器人末端工具的姿态与位置不可以控制。关节运动一般适用于手动示教机器人时大范围移动的场景，它可以将机器人快速移动到位，并在移动过程中有效避免遇到机械死点。

2. 关节运动优缺点

1）主要优点：由于运动时不考虑工具姿态，运动操作简单快捷，因此不会在运动中出现机械死点。

2）主要缺点：无法将 TCP 精确移动到目标位置。

3．关节运动方向判断

一般的 6 轴串联机器人，其 6 个关节轴可分为两大类：摆动轴（轴 2、轴 3、轴 5）和旋转轴（轴 1、轴 4、轴 6），两种轴具有不同的方向判断方法。

1）摆动轴：机器人摆动轴只做上下摆动，如图 1-157 所示的轴 2、轴 3 和轴 5。一般以向下摆动为正方向，向上摆动为负方向。

2）旋转轴：机器人旋转轴往往可做±360°或更大幅度的旋转，如图 1-157 所示的轴 1、轴 4 和轴 6。旋转方向一般可用右手定则进行判断。判断方法为：想象机器人姿态垂直向上，如图 1-158 所示，大拇指指向机器人末端（即法兰）时，四个手指合拢方向即为该轴正向。

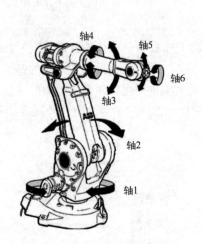
图 1-157　机器人各关节轴

图 1-158　机器人垂直向上姿态

4．关节运动控制

1）将机器人控制柜上的机器人状态钥匙切换到手动状态或手动限速状态，在如图 1-159 所示的状态栏中，确认机器人的状态已经切换为手动。

2）单击示教器主菜单里的"手动操纵"，如图 1-160 所示。

图 1-159　机器人状态切换为手动状态

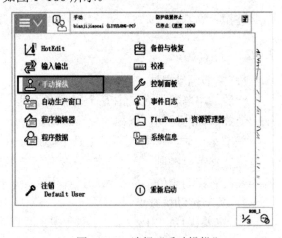
图 1-160　选择"手动操纵"

3）在手动操纵界面，单击"动作模式"，如图1-161所示。

4）动作模式有四种，如图1-162所示。前两种均属于关节运动，选中"轴1-3"后单击"确定"，可对机器人的轴1、轴2、轴3进行操作；选中"轴4-6"后单击"确定"，可对机器人的轴4、轴5、轴6进行操作。

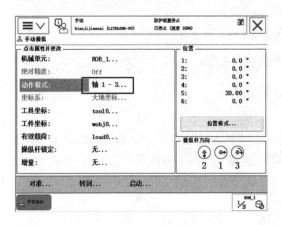

图1-161　单击"动作模式"

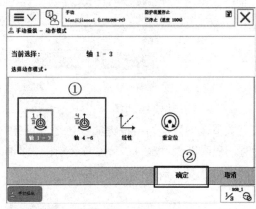

图1-162　选择关节运动

5）按下如图1-163所示的使能按键，确定如图1-164所示状态栏中显示"电机开启"，即可进行关节运动。

图1-163　按下使能按键

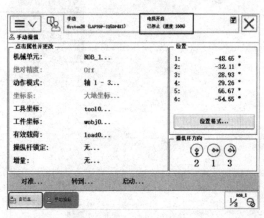

图1-164　观察机器人姿态

6）在示教器界面右方，显示有位置信息和方向信息，如图1-165所示。位置信息显示了当前机器人各关节轴转动的角度值；方向信息显示了手动操作机器人时各关节轴的摇杆控制方法，箭头方向代表关节轴正方向。按方向信息提示，就可正确进行各关节轴的关节运动。

注意：摇杆摇动速度越快，机器人运动速度也越快。初学者一定要注意摇杆摇动速度，避免出现撞机等事故。

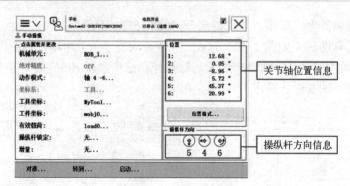

图 1-165　关节运动信息

5. 关节运动快捷切换

关节运动快捷切换按键如图 1-166 所示。单击该按键，当右下方图标显示如图 1-167 所示时，表明进入"轴 1-3"关节运动模式；单击该按键，当右下方图标显示如图 1-168 所示时，表明进入"轴 4-6"关节运动模式。

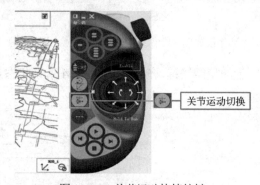

图 1-166　关节运动快捷按键

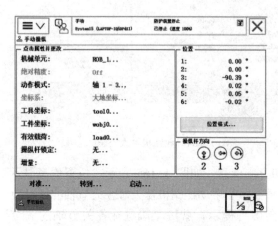

图 1-167　"轴 1-3"关节运动图标

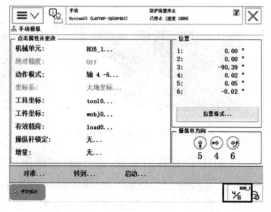

图 1-168　"轴 4-6"关节运动图标

1.4.3　线性运动

1. 线性运动概述

线性运动是机器人以工具中心点（TCP）为参照的一种运动，

1-19　线性运动

使 TCP 在选定的直角坐标系里做 X、Y、Z 方向的线性运动。选定的直角坐标系不同，机器人的运行方向也可能不同，如图 1-169 所示为选择基坐标时机器人的线性运动方向。

线性运动模式是手动示教机器人时最常用到的一种运动模式，它有三个特点：
1）以 TCP 为参照；
2）在直角坐标系里按照 X、Y、Z 轴方向线性移动；
3）运动过程中不改变工具的姿态。

2. 线性运动优缺点

1）主要优点：运动过程中，轨迹可控，工具姿态不改变。机器人反馈的是 TCP 在坐标系里的坐标值，方便操作员直观操作。

2）主要缺点：因为线性运动是机器人通过计算点所走的轨迹，所以在大范围移动时，控制系统可能会产生错误解，从而导致机器人运动到机械死点。

3. 线性运动控制

1）在手动控制模式下，选择示教器主菜单里的"手动操纵"，单击"动作模式"，选择"线性"，单击"确定"按钮如图 1-170 所示。

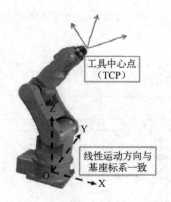

图 1-169 基坐标下的线性运动方向

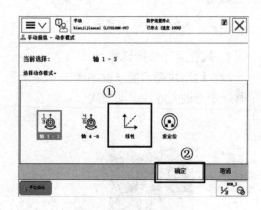

图 1-170 选择线性运动

2）单击"坐标系"，选择"基坐标"并单击"确定"按钮，如图 1-171 所示。

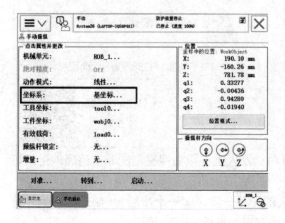

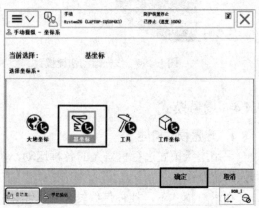

图 1-171 选择基坐标系

3）按下示教器的使能按键，确定示教器的状态栏中显示"电机开启"，即可进行线性运动。

4）在示教器界面右方，显示有位置信息和操纵杆方向信息，如图 1-172 所示。位置信息显示了当前机器人的坐标值（trans）和姿态值（rot）；方向信息显示了手动操作机器人时各线性轴的摇杆控制方法，箭头方向代表线性轴正方向。具体含义如图 1-173 所示。

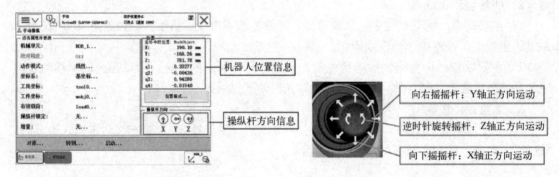

图 1-172　线性运动信息　　　　　　　　图 1-173　线性运动摇杆控制方法

4. 线性运动快捷切换

线性运动快捷切换按键如图 1-174 所示。单击该按键，当右下方图标显示如图 1-175 所示时，表明进入线性运动模式。

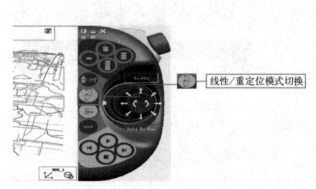

图 1-174　线性运动快捷按键　　　　　　　图 1-175　线性运动图标

1.4.4　增量模式

1. 增量模式概述

采用增量模式进行机器人的各种运动，可对机器人进行微幅调整，能非常精确地进行机器人定位操作。

在增量模式下，摇杆每偏转一次，机器人就移动一步（即一个步距）。如果摇杆偏转持续一秒钟或数秒钟，机器人就会持续移动，移动速率为每秒 10 个步距。

2. 增量步距控制

增量模式除具有大、中、小三个档位外，还可以用户自定义增量步距。具体操作如下。

1）单击右下角选项按钮，选择⊖图标，出现关闭增量、小档增量、中档增量、大档增量和用户自定义增量五个选项，可根据手动操作的实际需求进行选择。本例选择了最常用的中档增量，如图1-176所示。

2）单击"隐藏值>>"按钮，可显示目前选中的增量档位的步距，包括关节运动步距、线性运动步距、重定向运动步距，如图1-177所示。

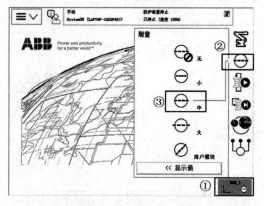

图1-176 增量档位选择

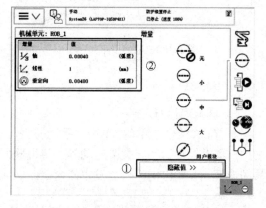

图1-177 增量步距显示

3）单击"用户模块"，可根据用户需求自定义增量步距。本例选择"1/3 轴"，如图1-178所示。

4）在弹出的对话框中输入"0.002"后单击"确定"按钮，如图1-179所示，即设置关节运动步距为0.002rad。采用相同方法，还可以设置线性运动步距和重定向运动步距。

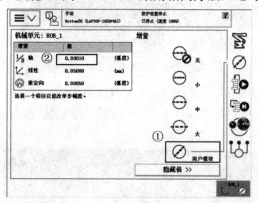

图1-178 用户自定义增量

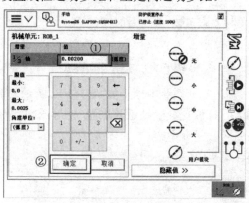

图1-179 设置关节运动的增量步距

5）再次单击"隐藏值>>"按钮，如图1-180所示，可关闭步距显示。

3. 增量开关快捷切换

1）增量开关快捷切换按键为如图1-181所示的"增量开关"按键。注意该按键只能用于增量模式的开关，不能用于切换不同的档位。

2）右下方图标可显示目前增量的状态，不同图标表明的含义如图1-181所示。

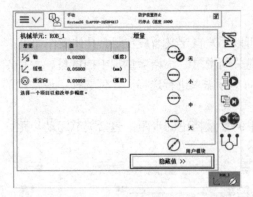
图 1-180 取消步距显示

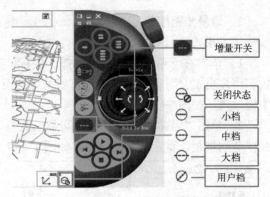
图 1-181 增量开关切换按键及档位图标

1.4.5 调试点位

1. 调试点位方法一

1）在 ABB 主菜单中单击"手动操纵"，如图 1-182 所示。利用机器人线性运动、关节运动等，将机器人移动到目标位置附近，如图 1-183 所示。注意移动速度及移动方向，避免发生碰撞。

1-21 点位数据调试

图 1-182 选择手动操纵

图 1-183 移动至目标位置附近

2）打开增量中档，如图 1-184 所示。调节机器人位置及姿态如图 1-185 所示，保证机器人目标位置准确且工具端面与零件端面平行。可进行手爪张开与闭合动作，测试机器人位置是否在零件中心。

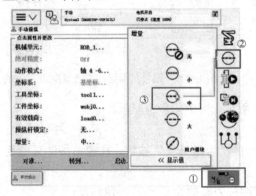
图 1-184 打开增量

图 1-185 移动至目标位置

3）在 ABB 主菜单中单击"程序数据",显示全部程序数据后选择"robtarget"数据类型,如图1-186所示。

图1-186　选择"robtarget"数据类型

4）选中需要调试到当前目标位置的点位"p_pick",单击"编辑"菜单中的"修改位置",如图1-187所示。

5）在弹出的对话框中单击"修改"按钮,如图1-188所示,完成该点位的调试。

图1-187　单击"修改位置"　　　　　　　图1-188　单击"修改"按钮(方法一)

2. 调试点位方法二

1）根据方法一中前两步所述,将机器人移动到目标位置后,打开"程序编辑器",在程序中选中要修改的点位,单击下方的"修改位置",如图1-189所示。

2）在弹出的对话框中单击"修改"按钮,如图1-190所示,完成该点位的调试。

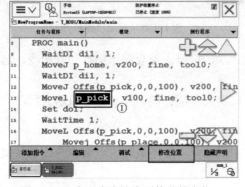

图1-189　在程序中选中要修改的点位　　　图1-190　单击"修改"按钮(方法二)

1.4.6 手动运行调试

1. 从主程序开始运行调试

1）机器人切换到手动状态，在 ABB 主菜单中单击"程序编辑器"，如图 1-191 所示。

1-22 手动运行调试

2）在程序界面下方单击"调试"，选择"PP 移至 Main"，如图 1-192 所示。

图 1-191 单击"程序编辑器"

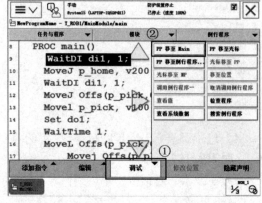

图 1-192 单击"PP 移至 Main"

3）此时运行光标（即 PP）将出现在主程序 main() 的第一行左侧，如图 1-193 所示。

4）按下示教器上的使能按键，保持机器人状态显示"电机开启"，如图 1-194 所示。

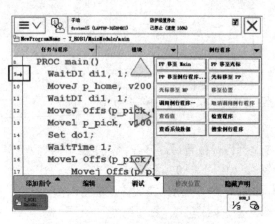

图 1-193 运行光标（PP）出现在主程序中

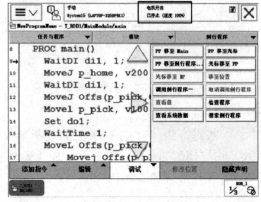

图 1-194 显示"电机开启"

5）每单击如图 1-195 所示的前进一步按钮一次，机器人就会向下运行一行指令。这样就可以实现机器人的单步运行调试。

6）单击如图 1-196 所示的启动按钮一次，机器人将逐行向下连续运行机器人程序。这样可以实现机器人的连续运行调试。

注意：运行过程中，操作者预判机器人会发生碰撞等安全事故时，即刻松开使能按键便可以使机器人停止运行。

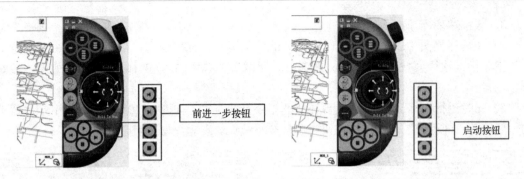

图 1-195　单击前进一步按钮　　　　　　　图 1-196　单击启动按钮

2. 从其他程序开始运行调试

1）在程序界面中，单击"PP 移至 Main"使运行光标出现后，再单击"调试"菜单中的"PP 移至例行程序…"，如图 1-197 所示。

2）在弹出的程序列表中选择要开始运行的程序，单击"确定"，如图 1-198 所示。

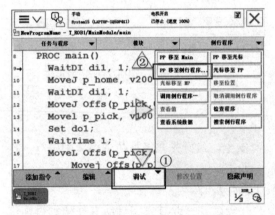
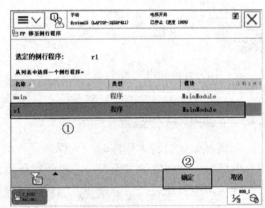

图 1-197　单击"PP 移至例行程序…"　　　　图 1-198　选择要运行的程序

3）此时运行光标（即 PP）出现在所选程序的第一行左侧，如图 1-199 所示。按下示教器上的使能按键，即可通过前进一步按钮和启动按钮进行单步运行与连续运行了。

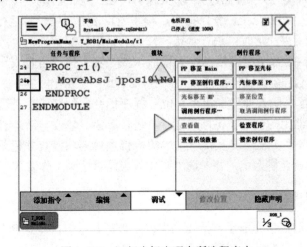

图 1-199　运行光标出现在所选程序中

3. 从程序某行开始运行调试

1）在程序界面中，单击"PP 移至 Main"使运行光标出现后，在程序中选中要开始运行的指令行（该行会被高亮显示），再单击"调试"菜单中的"PP 移至光标"，如图 1-200 所示。

2）此时运行光标（即 PP）出现在所选指令行的左侧，如图 1-201 所示。按下示教器上的使能按键，即可通过前进一步按钮和启动按钮进行单步运行与连续运行了。

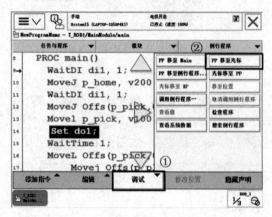
图 1-200 单击"PP 移至光标"

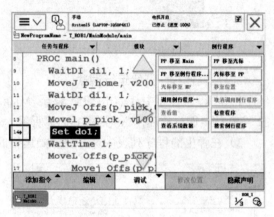
图 1-201 运行光标出现在所选指令行中

1.4.7 程序调试与检查

在调试搬运机器人程序时，为保证设备与人身安全，最好先在虚拟仿真系统中进行，待操作熟练并确认程序调试无误后，再到实际设备上调试。

无论虚拟系统还是实际设备，调试时遵循以下操作步骤。

1）将程序中的点位修改到准确的目标位置，并确认。修改时先将机器人移动到目标位置，再选择点位单击"修改位置"。此过程中要注意总结将机器人快速、准确地移动到目标位置的方法与经验。

2）手动单步调试运行。在机器人手动状态下，逐一单击前进一步按钮，以单步运行的方式运行机器人程序，检查点位、程序指令、程序逻辑是否有错。若运行中有错，应立刻松开示教器上的使能按键停止运行，进行查错、修改与错误情况记录。

3）手动单步调试运行两遍及以上均无误后，按"实施情况自查表"中的检查项目逐项检查并记录，看是否合格。

4）手动连续运行机器人程序，检查点位、程序指令、程序逻辑是否有错。若运行中有错，应立刻松开示教器上的使能按键停止运行，进行查错、修改与错误情况记录。

5）请其他小组按"实施情况互查表"中的检查项目逐项检查并记录，如不合格，则重新实施任务，直至检查合格为止，并勾选"整体效果是否达到工作要求"中的"是"选项。

1.4.8 工作情况评价

调试与检查完成后，就完成了本情境的学习。教师和学生按"综合评价表"中的评价项目逐项进行打分。打分可参考下列评分标准。

1）课前学习：课前学习任务完成率≥90%记 5 分，≥80%记 4 分，≥70%记 3 分，≥60%记 2 分，≥50%记 1 分。

2）成果评价：根据工作完成度和材料完整性打分，参照技能大赛评分规则，按最终结果打分，每少完成 1 项扣 10%的分值。

3）素质、安全规范、工作态度等为学习全程评价。学习过程中每违反一条，对应项不得分；发生重大安全事故，整个工作环节计 0 分。

4）技能测试，定时完成计满分，少完成 1 项扣 1 分。

学习情境 2　涂胶机器人编程与调试

自动化涂胶具有涂装效率高、附着力好、涂层寿命长、涂层平滑细腻、涂层厚度均匀、容易到达拐角和空隙等优点，已经在汽车制造、家具建材、3C 等行业得到广泛应用。在汽车智能生产线上，涂胶机器人可实现汽车的玻璃涂胶、发动机盖涂胶、车门涂胶、前舱盖涂胶等。如图 2-1 所示为涂胶机器人在汽车前挡风玻璃涂胶中的应用。与人工涂胶相比，涂胶机器人做工精细，涂胶质量有保证，提升了汽车的美观性，密封质量好。

图 2-1　汽车挡风玻璃涂胶案例

本学习情境以图 2-1 所示汽车制造行业中的"汽车挡风玻璃涂胶"为案例，完成汽车挡风玻璃涂胶机器人的编程与调试工作。随着数字化、信息化、智能化技术与机器人有机结合，新技术、新工艺、新规范不断涌现。作为工业机器人编程与调试专业技术人才，我们应跟上工业机器人技术发展的步伐，不断提升职业技能，养成爱岗敬业、严谨专注、精益求精的工匠精神，脚踏实地干好每项工作。

知识目标

- 掌握程序数据的类型、定义与赋值方法。
- 掌握工具数据的创建操作及工具数据中参数组的定义、测量与输入方法。
- 掌握组信号的配置、查看与仿真方法，掌握信号的备份与恢复。
- 掌握机器人 MoveC 指令、组信号常用指令、调用程序指令及读取位置指令。
- 掌握机器人条件判断指令、清屏写屏指令、轴配置监控指令。
- 掌握机器人转数计数器更新操作及重定位运动的操作步骤。
- 掌握机器人单周与连续运行方式的切换、速度的设定的自动运行的操作步骤。

技能目标

- 能严格遵守机器人安全操作规范操作机器人。

- 能根据需求创建机器人各类数据与组信号。
- 能进行信号备份、程序加密等操作。
- 能按要求编写涂胶机器人程序并检验其语法正确性。
- 能调试并自动运行涂胶机器人程序。

 素质目标

- 养成爱岗敬业、严谨专注、精益求精的工匠精神。
- 养成久久为功、善作善成，尽力把每项工作做到尽善尽美的钻研精神。

任务 2.1　创建机器人数据

 任务描述

如图 2-2 所示工作站，模拟汽车挡风玻璃涂胶工作过程，开发了 6 种机器人涂胶轨迹。外部控制设备通过组信号发送数值给涂胶机器人。当该组信号的数值为 2 时，机器人按 2 号轨迹进行涂胶工作；当该组信号的数值为 3 时，机器人按 3 号轨迹进行涂胶工作；当该组信号的数值既不为 2 也不为 3 时，机器人不执行涂胶工作，并在示教器屏幕上提示用户信号发送错误。

分析该涂胶工作站的工作逻辑，绘制涂胶机器人工作流程图，并创建该涂胶工作站所需要的点位数据、工具数据以及其他逻辑控制使用数据。

涂胶技术要求：
1）涂胶前，机器人处于一个安全位置，当工业机器人收到启动信号后便开始运行。
2）涂胶开始之前打开涂胶枪，等待 2s 后开始涂胶。
3）涂胶路径准确，涂胶枪末端不能高于涂胶表面 20mm。
4）涂胶完成后，机器人先关闭涂胶枪，再回到安全点位等待，并通知外部控制设备涂胶完毕。

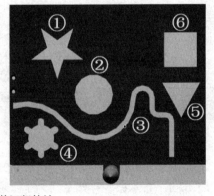

图 2-2　涂胶机器人及其运行轨迹

2.1.1　认识程序数据

程序数据是在程序模块或系统模块中设定的值和定义的一些环境数据，它们可以由同一个模块或其他模块中的指令进行引用。如图 2-3 所示直线运动指令，就调用了点位数据

(robtarget)、速度数据（speeddata）、转弯数据（zonedata）、工具数据（tooldata）这四种常用程序数据。

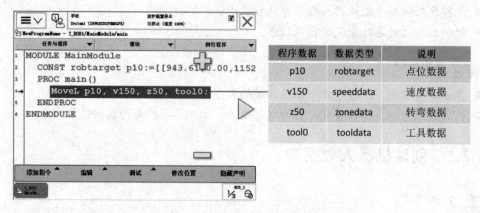

图 2-3　直线指令中的程序数据

1. 程序数据的类型

2-1　程序数据概念与类型

ABB 工业机器人的程序数据共有 76 种类型，且每种数据类型可根据实际情况进行创建，为 ABB 工业机器人的程序设计提供了良好的数据支撑。

程序数据可以利用示教器主菜单中的"程序数据"窗口进行查看以及创建。在主菜单中打开"程序数据"后，示教器界面会显示目前已使用过的数据类型，如图 2-4 所示。单击右下角"视图"菜单中的"全部数据类型"可查看所有数据类型，如图 2-5 所示。

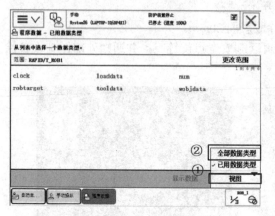

图 2-4　查看全部数据类型

图 2-5　76 种数据类型

除前面已用到的一些数据类型外，在逻辑控制时，常用到以下几种数据类型。

1）bool：布尔型，存储空间为 1 个位（bit），保存值为 TRUE 或 FALSE 两种。

2）num：数值型，可存放整数、小数、指数。存放整数时，数值范围为 -8388607～+8388608。

3）byte：字节型，存储空间为 1 个字节（B），可存放 0～255 之间的正整数。

4）string：字符串型，用于存放字符串。字符串为一系列由双引号（"）括起来的字符，最多可由 80 个字符组成，如"start welding pipe 1"。

注意：如果字符串中包括引号，则必须保留两个引号，如"本字符串包含一个""字符"；如果字符串中包括反斜线，则必须保留两个反斜线符号，例如，"本字符串包含一个\\字符"。

2. 程序数据的存储类型

在定义任何程序数据时，不仅需要指定程序数据的类型，还需要指定程序数据的存储类型。存储类型包括变量（VAR）、可变量（PERS）、常量（CONST）三种。

2-2 程序数据存储类型

（1）变量（VAR）

对于该存储类型的程序数据，可在程序中对其进行赋值操作。在程序执行的过程中和停止时，会保持当前的值。但是，一旦程序指针被移到主程序，当前数值就会丢失，并恢复到初始值。

【实例】如图2-6所示程序，定义n1的存储类型为VAR，初始赋值为5。

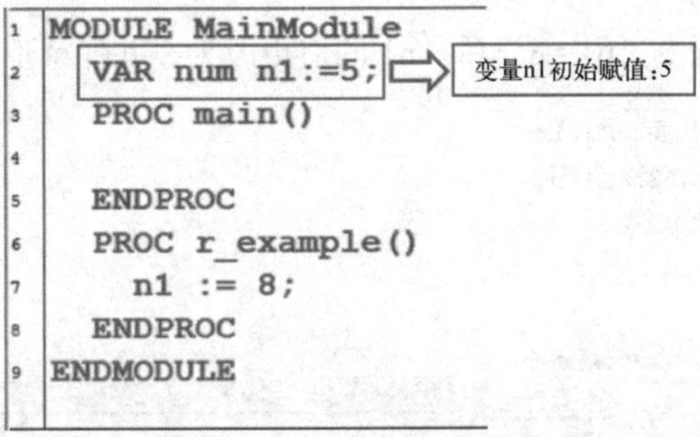

图2-6 变量初始赋值5

运行程序中的赋值指令"n1:=8"后，n1的值更改为8并保持不变，如图2-7所示。

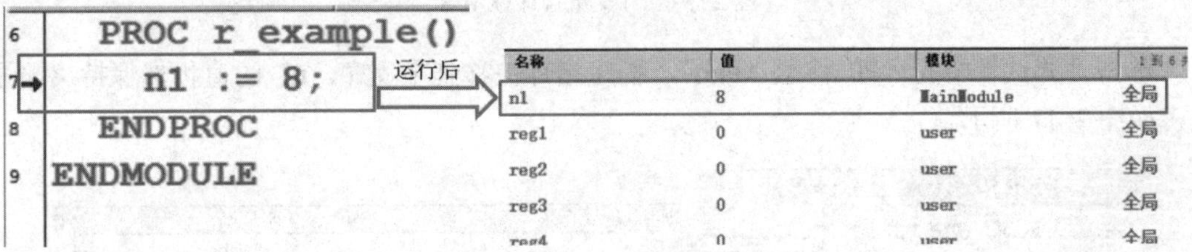

图2-7 变量程序赋值8

单击"调试"中的"PP移至Main"，程序指针被移到主程序，n1的值8丢失，恢复为初始值5，如图2-8所示。

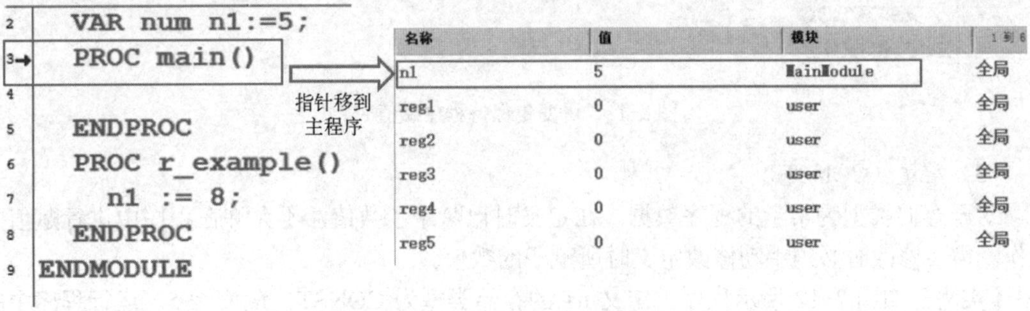

图2-8 变量恢复初始赋值5

（2）可变量（PERS）

对于该存储类型的程序数据，可在程序中对其进行赋值操作。在程序执行的过程中和停止时，会保持当前的值。并且，即使程序指针被移到主程序，也会保持当前的值不丢失。

【实例】如图 2-9 所示程序，定义 n1 的存储类型为 PERS，初始赋值为 5。

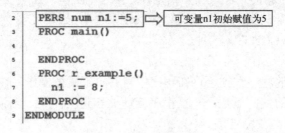

图 2-9　可变量初始赋值 5

运行程序中的赋值指令"n1:=8"后，n1 的值更改为 8 并保持不变，如图 2-10 所示。

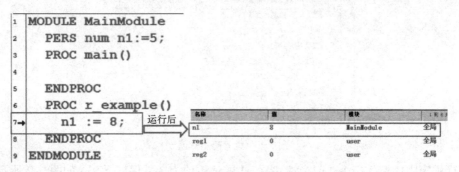

图 2-10　可变量程序赋值 8

单击"调试"中的"PP 移至 Main"，程序指针被移到主程序，n1 的值仍然保持 8 不丢失，如图 2-11 所示。

图 2-11　可变量保持程序赋值 8

（3）常量（CONST）

对于存储类型为常量的程序数据，在定义时已赋予了数值，不允许在程序中进行赋值的操作。需要修改时必须手动修改定义时所赋予的数值。

【实例】如图 2-12 所示程序，定义 n1 的存储类型为 CONST，赋值为 5。运行程序中的赋值指令"n1:=8"，单击"调试"后会弹出错误对话框。

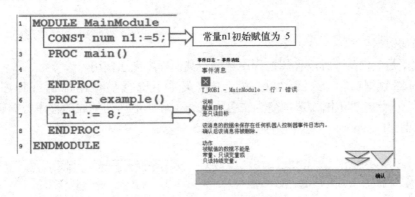

图 2-12 常量程序赋值报错

3. 程序数据定义与初始赋值语句格式

定义和赋值后的程序数据，会自动在程序中生成定义与初始赋值语句，该语句中主要包含程序数据存储类型、数据类型、数据名称及初始赋值。

【实例】 在如图 2-13 所示的程序数据定义与赋值语句中，从左至右分别列明程序数据的存储类型为变量（VAR），数据类型为数值型（num），数据名称为 n1，初始赋值为 5。

注意： 1）赋值时，赋值符号为 ":="。

2）用户可通过在程序中添加如下格式的语句，进行程序数据的定义与赋值。

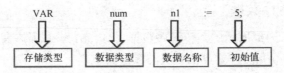

图 2-13 定义程序数据语句的格式

4. 程序数据应用范围

根据程序数据的应用范围，程序数据可以分为全局数据和局部数据两种。

（1）全局数据

全局数据是整个程序模块，甚至整个任务的所有程序都可以使用的程序数据。

定义全局数据时，在"范围"下拉菜单中选择"全局"，程序中自动生成的程序数据定义语句会出现在程序模块以内、各程序以外，如图 2-14 所示。

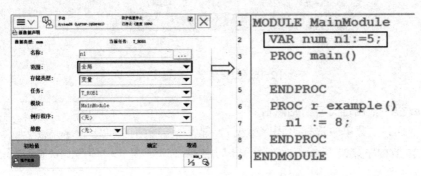

图 2-14 全局数据

（2）局部数据

局部数据是专供某一程序使用的程序数据，其他程序无法使用。

定义局部数据时，在"例行程序"下拉菜单中选择供使用的例行程序（如选择"r_example"），此时"范围"选项变为灰色不可选。程序中自动生成的程序数据定义语句会出现在选中的"r_example"程序以内，如图2-15所示。

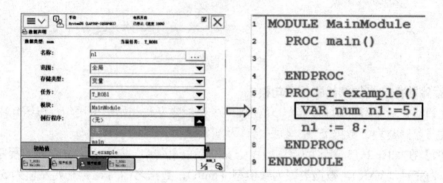

图2-15　局部数据

2.1.2　定义与赋值程序数据

下面以定义如图2-16所示的两个程序数据（n1、b1），以及在程序"r_example"中对其进行赋值操作为例，讲解程序数据的定义与赋值操作。

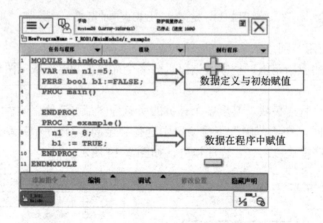

图2-16　数据定义与赋值实例

1. num程序数据定义与初始赋值

1）在ABB主菜单中选择"程序数据"，显示全部数据类型后，双击数值型程序数据"num"，如图2-17所示。

2）单击"新建..."，如图2-18所示。

2-3　num程序数据定义与初始赋值操作

学习情境2 涂胶机器人编程与调试

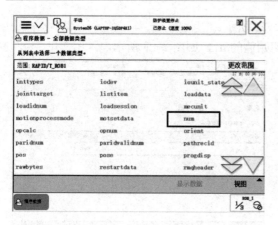 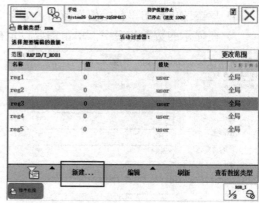

图 2-17 选择"num"　　　　　　　图 2-18 单击"新建"

3）单击名称右侧的"…"，更改数据名称为"n1"后，单击"确定"，如图 2-19 所示。

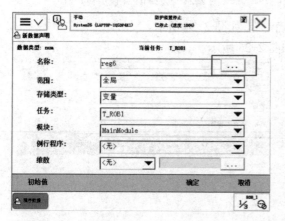 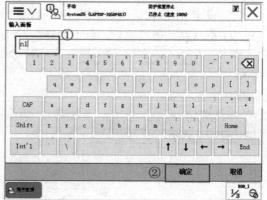

图 2-19 设置数据名称为"n1"

4）在"范围"下拉菜单中选择"全局"，如图 2-20 所示。
5）在"存储类型"下拉菜单中选择"变量"，如图 2-21 所示。

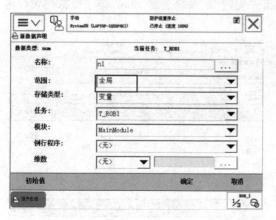 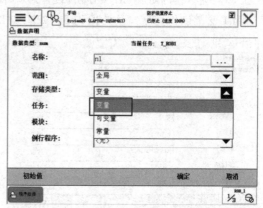

图 2-20 范围选择"全局"　　　　　图 2-21 存储类型选择"变量"

73

6）单击左下角的"初始值"按钮，如图2-22所示。

7）在显示的数据列表中，单击需要设定初始值的n1，如图2-23所示。

图2-22 单击"初始值"

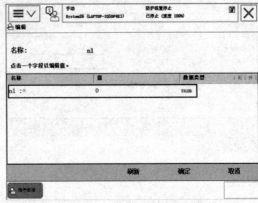

图2-23 选择n1并设定初始值

8）设定n1的初始值为"5"后，单击"确定"，如图2-24所示。

9）确认初始值设置后，单击"确定"，如图2-25所示。

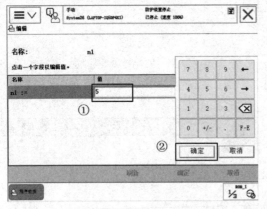

图2-24 设定初始值"5"

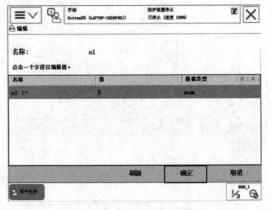

图2-25 确认初始值

10）确认程序数据n1的所有设置后，单击"确定"，系统返回num程序数据列表，可看到n1变量创建完成，初始值为5，如图2-26所示。

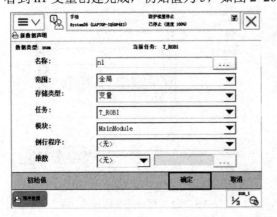

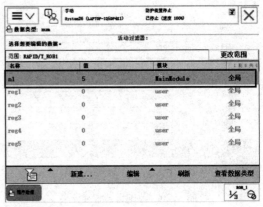

图2-26 新建的num型变量n1

2. bool 程序数据定义与初始赋值

1）在完成上一操作后，选择"查看数据类型"，如图 2-27 所示。或者在 ABB 主菜单中选择"程序数据"，显示全部数据类型。

2-4 bool 程序数据定义与初始赋值操作

2）在显示的全部数据类型中，双击"bool"，如图 2-28 所示。

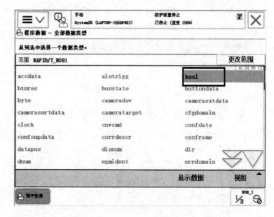

图 2-27 单击"查看数据类型"　　　图 2-28 选择"bool"

3）单击"新建..."，如图 2-29 所示。

4）单击名称右侧的"..."，更改数据名称为"b1"后，单击"确定"；然后，在"存储类型"下拉菜单中选择"可变量"，如图 2-30 所示。

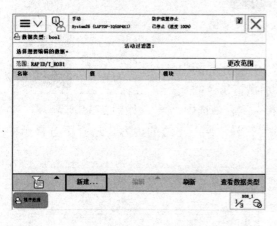
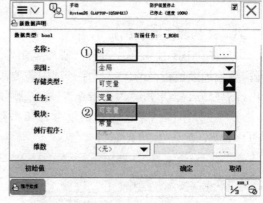

图 2-29 单击"新建"　　　图 2-30 设置名称与存储类型

5）单击左下角的"初始值"按钮，如图 2-31 所示。

6）在显示的数据列表中，单击需要设定初始值的 b1，在弹出的对话框中选择设定初始值为"FALSE"，确认初始值设置后，再单击"确定"，如图 2-32 所示。注意，如果默认初始值为"FALSE"，此步可跳过不操作。

图 2-31　单击"初始值"

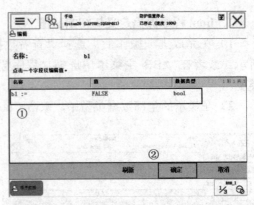

图 2-32　选择 b1 并设定初始值

7）确认程序数据 b1 的所有设置后，单击"确定"，系统返回 bool 程序数据列表，可看到 b1 变量创建完成，初始值为"FALSE"，如图 2-33 所示。

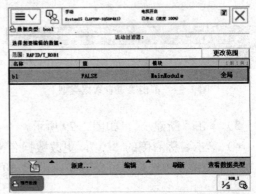

图 2-33　新建的 bool 型变量 b1

2-5　n1 的赋值指令添加操作

3. n1 的赋值指令添加

1）在 ABB 主菜单中选择"程序编辑器"，在程序界面中打开需要添加赋值指令的例行程序，选中需要添加赋值指令的上一行（高亮显示）。单击"添加指令"，在右侧的指令列表中选中":="，如图 2-34 所示。

2）在弹出的指令设置对话框中，单击赋值符号":="左边的内容，选择下方显示的"n1"数据，如图 2-35 所示。

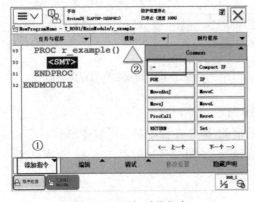

图 2-34　添加赋值指令

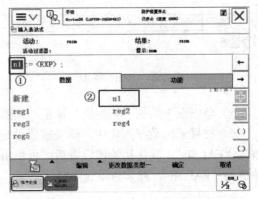

图 2-35　在赋值符号左边选择"n1"

76

3）单击赋值符号":="右边的内容，如图2-36所示。
4）单击下方的"编辑"，在上拉菜单中选择"仅限选定内容"，如图2-37所示。

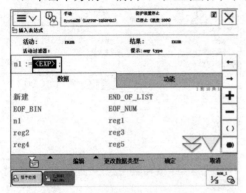

图2-36 选中赋值符号右边的内容

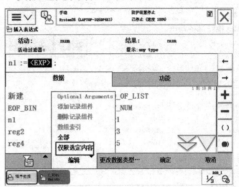

图2-37 选择"仅限选定内容"

5）输入程序中的赋值"8"，单击"确定"，如图2-38所示。
6）确认程序赋值指令后，单击"确定"，如图2-39所示。

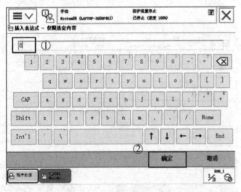

图2-38 设置赋值为8

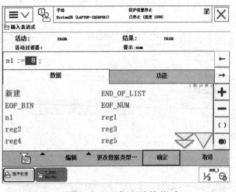

图2-39 确认赋值指令

4. b1的赋值指令添加

1）在完成上一步操作后，继续单击"添加指令"，在右侧指令列表中选中":="，如图2-40所示。

2）在弹出的指令设置对话框中，单击赋值符号":="左边的内容，单击下方的"更改数据类型..."，如图2-41所示。

2-6 b1的赋值指令添加操作

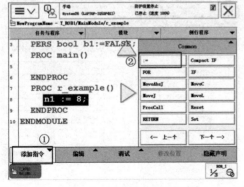

图2-40 继续添加赋值指令

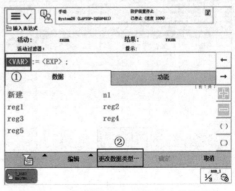

图2-41 赋值符号左边选更改数据类型

3)在显示的所有数据类型中选择"bool",单击"确定",如图 2-42 所示。

4)系统返回赋值指令编辑界面,在赋值符号":="的左边选择"b1",如图 2-43 所示。

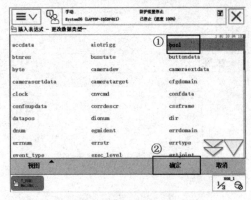 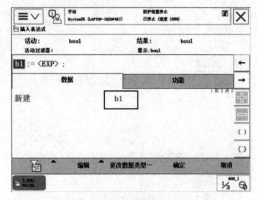

图 2-42 选择"bool"   图 2-43 选择"b1"

5)单击赋值符号":="右边的内容,如图 2-44 所示。

6)在下面显示的选项中选择"TRUE",确认赋值指令设置后,单击"确定",如图 2-45 所示。

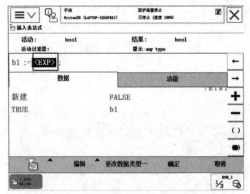 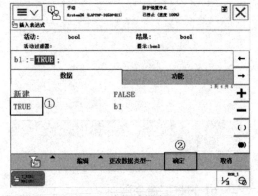

图 2-44 单击赋值符号右边的内容   图 2-45 选择赋值为"TRUE"

7)弹出询问插入指令位置的对话框,根据实际情况选择在当前位置的上方或下方插入。这里选择"下方",如图 2-46 所示。

8)赋值指令添加完成,单击"添加指令",可关闭右侧的指令列表,如图 2-47 所示。

 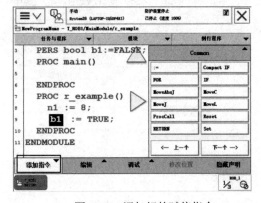

图 2-46 选择"下方"   图 2-47 添加好的赋值指令

2.1.3 创建工具数据

1. 认识工具坐标系

工具坐标系（Tool Center Point Frame）的缩写为 TCPF，而工具坐标系的中心常称为工具中心点（Tool Center Point），缩写为 TCP。工具坐标系可将工具中心点设定在任意位置，并定义工具的位置和方向。

6 轴机器人默认的 TCP 在第六轴末端的法兰中心，如图 2-48 所示。由于执行运动程序时，机器人均是将 TCP 移至目标位置，所以为了控制方便，常需要将其移动至工具末端，如图 2-49 所示。这就需要通过创建新的工具坐标系数据来实现。

2-7 工具数据的含义

图 2-48 默认 TCP 位置

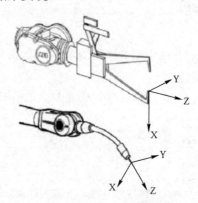

图 2-49 常用 TCP 位置

2. 创建工具坐标系数据

1）进入 ABB 主菜单，单击"手动操纵"选项，如图 2-50 所示。

2）在手动操纵界面中单击"tool0…"选项，如图 2-51 所示。

图 2-50 选择"手动操纵"

图 2-51 选择"tool0…"

3）单击"新建…"选项，如图 2-52 所示。

4）设定新建的工具数据名称后，单击"确定"，本例直接采用默认名称"tool1"，单击"确定"，如图 2-53 所示。

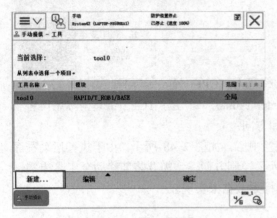

图 2-52　单击"新建"　　　　　　　图 2-53　设置工具数据的名称

5）选中新建的"tool1"，单击"编辑"上拉菜单中的"更改值"选项，如图 2-54 所示。

6）在显示的参数列表中，单击下翻按钮，如图 2-55 所示，找到"mass"参数。

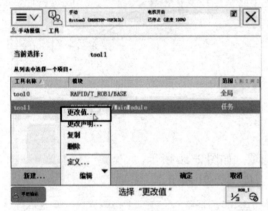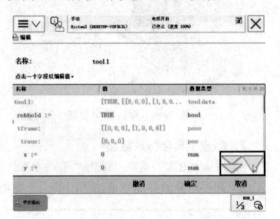

图 2-54　单击"更改值"　　　　　　　图 2-55　下翻找到"mass"

7）"mass"参数值表示机器人末端工具的质量，以 kg 为单位。新创建的"mass"参数值为"-1"，因此无法正常使用该工具数据。单击此参数，将参数值改为正值，如图 2-56 所示。

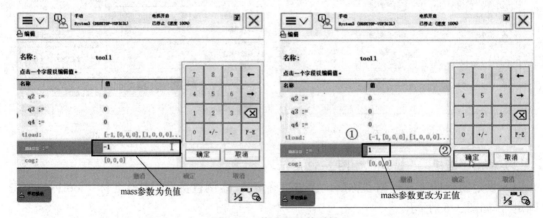

图 2-56　修改工具的质量

8）下翻找到"cog"参数，此参数表示末端工具与默认 TCP（即机器人法兰中心）之间的 X、Y、Z 坐标偏移量。新创建的"cog"参数值全为 0，运行机器人程序时会报错，需要更改参数。本例将其中的 z 值更改为"38"，如图 2-57 所示。

9）单击下方"确定"按钮，新建工具数据完成，显示工具数据如图 2-58 所示。

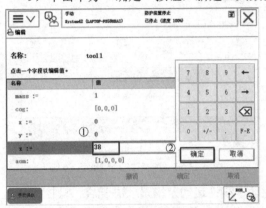

图 2-57　修改重心偏移值　　　　　　　图 2-58　新建的工具数据

2.1.4　定义与测量工具数据

1. 工具数据定义方法

在定义工具数据时，可确定新工具坐标系的 TCP 位置和工具坐标方向。定义方法主要包括如下三种。

1）TCP（默认方向）：即为四点法，只能用于设定新 TCP 位置，而不能用来设定工具坐标系各轴方向，各轴方向是默认的。

通过新工具坐标系的 TCP 采用四种不同的姿态与参考点接触，测试计算出该 TCP 位置值[位置值为新 TCP 与默认 TCP（即机器人法兰中心）之间的 X、Y、Z 坐标偏移量，记录在 trans 参数中]。

2）TCP 和 Z：即为五点法，在设定新 TCP 位置的同时确定 Z 轴方向。

前四个点仍然采用四种不同的姿态与参考点接触，从而测试计算出新 TCP 位置值，但第四个点的姿态最好使末端工具为垂直状态；第五个点为新工具坐标系 Z 轴方向上的点，该点与参考点的连线即为该工具坐标系 Z 轴的方向。

3）TCP 和 Z，X：即为六点法，在设定新 TCP 位置的同时确定各轴方向。

前四个点仍然采用四种不同的姿态与参考点接触，从而测试计算出新 TCP 位置值，但第四个点的姿态最好使末端工具为垂直状态；第五个点为新工具坐标系 X 轴方向上的点，该点与参考点的连线即为该工具坐标系 X 轴的方向；第六个点为新工具坐标系 Z 轴方向上的点，该点与参考点的连线即为该工具坐标系 Z 轴的方向。Y 轴方向可通过右手笛卡儿坐标系来确定。

2. 工具数据定义操作

下面以"TCP 和 Z，X"定义方法为例，讲解工具数据定义的操作步骤。

2-8　工具数据定义操作

1）在工具数据列表中选中新建的"tool1"，单击"编辑"，然后单击"定义..."，如

图 2-59 所示。

2）在定义方法中选择"TCP 和 Z，X"，即六点法来设定 TCP，如图 2-60 所示。

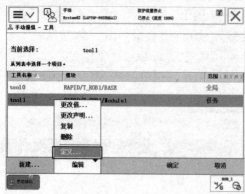
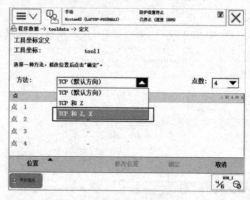

图 2-59　选择"定义"　　　　　　　图 2-60　选择"TCP 和 Z，X"

3）按下示教器上的使能按键，通过关节运动、线性运动及增量状态配合，操控机器人以一种姿态靠近并接触参考点（即下方安装的圆锥顶点），如图 2-61 左图所示。然后在示教器中选中"点 1"，单击下方的"修改位置"，把当前位置作为第一点。

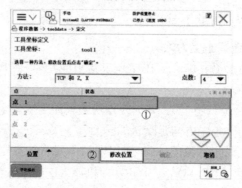

图 2-61　点 1 修改位置

4）操控机器人更换一种姿态靠近并接触参考点（即下方安装的圆锥顶点），如图 2-62 左图所示。然后在示教器中选中"点 2"，单击下方的"修改位置"，把当前位置作为第二点。

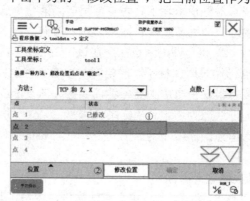

图 2-62　点 2 修改位置

5）操控机器人再更换一种姿态靠近并接触参考点（即下方安装的圆锥顶点），如图 2-63

左图所示。然后在示教器中选中"点3",单击下方的"修改位置",把当前位置作为第三点。

 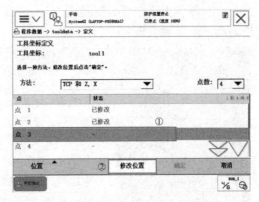

图 2-63 点 3 修改位置

6)操控机器人以末端工具垂直的姿态靠近并接触参考点(即下方安装的圆锥顶点),如图 2-64 左图所示。然后在示教器中选中"点4",单击下方的"修改位置",把当前位置作为第四点。

 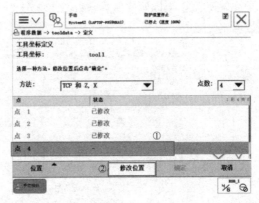

图 2-64 点 4 修改位置

7)操控机器人沿着要设定的 X 轴方向运动一段距离,如图 2-65 左图所示。然后在示教器中选中"延伸器点 X",单击下方的"修改位置",把当前位置与参考点的连线作为新工具 X 轴方向。

 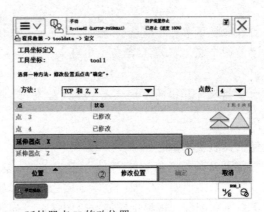

图 2-65 延伸器点 X 修改位置

8)操控机器人先回到参考点位置,再沿着要设定的 Z 轴方向运动一段距离,如图 2-66 左图所示。然后在示教器中选中"延伸器点 Z",单击下方的"修改位置",把当前位置与参考点的连线作为新工具 Z 轴方向。

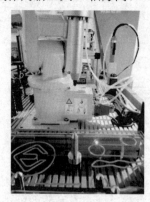
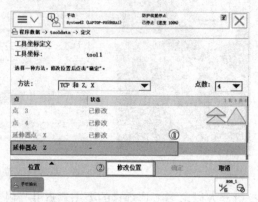

图 2-66 延伸器点 Z 修改位置

9)6 个点位修改完成后,单击"确定",弹出如图 2-67 所示计算结果,显示出最大误差、最小误差、平均误差、X 坐标偏移量等参数值,单击"确定",系统会自动将参数值填入工具数据中,工具数据定义完成。

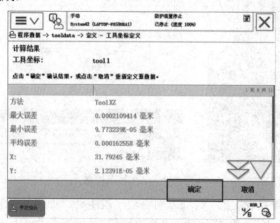

图 2-67 工具数据测试计算结果

注意:

1)机器人碰触参考点时越精确越好,靠近后最好使用增量模式进行机器人移动。

2)对于前四个点,机器人姿态变化越大,则越有利于 TCP 的定义,即计算的偏移量越准确。

3)对于机器人计算出的平均误差,建议控制在 0.5mm 以内,才可单击"确定",否则需要重新定义 TCP。

3. 测量工具质量与重心

1)选择需要获取重心偏移量(cog)和质量(mass)的工具坐标系"tool1",单击"确定"返回到手动操作界面,如图 2-68 所示。

2)单击右下角图标,选择运行速度设置选项,如图 2-69 所示。

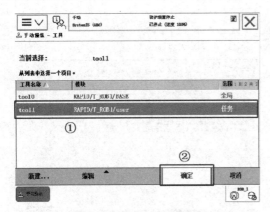

图 2-68 选择工具坐标系　　　　　　　　图 2-69 设置运行速度

3）将运行速度调节为"100%"后，再单击右下角的图标收回各选项，如图 2-70 所示。

4）选择主菜单中的"程序编辑器"，打开程序界面。单击下方"调试"按钮，先选中"PP 移至 Main"，再选中"调用例行程序..."，如图 2-71 所示。

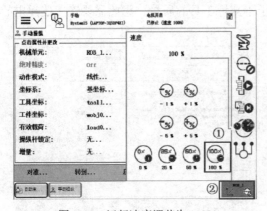

图 2-70 运行速度调节为 100%　　　　　图 2-71 调用例行程序

5）选择"LoadIdentify"例行程序（用于测量工具载荷和有效载荷），然后单击"转到"，如图 2-72 所示。

6）按下示教器上的使能按键并一直保持，确保后续动作的机器人处于"电机开启"状态。单击运行按钮，如图 2-73 所示。

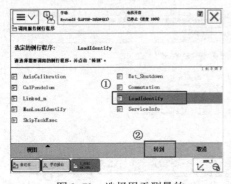
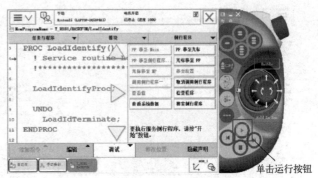

图 2-72 选择用于测量的　　　　　　　　图 2-73 单击运行按钮
　　　　例行程序"LoadIdentify"

7）单击"OK"，如图2-74所示。

8）单击"Tool"，选择对工具坐标进行测试，如图2-75所示。

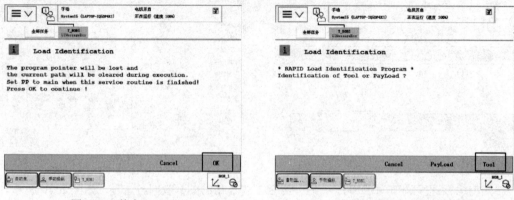

图2-74　单击"OK"　　　　　　　图2-75　选择对工具坐标进行测试

9）在接下来出现的提示框中均单击"OK"，如图2-76所示。

10）当出现如图2-77所示的界面时，由于不知道工具的质量，因此需要连续在弹出的界面中输入"2"，然后单击"确定"。

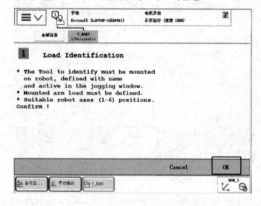

图2-76　单击"OK"　　　　　　　图2-77　输入工具质量的掌握情况

11）选择"+90"使机器人测试时往轴6的+90°方向运行，如图2-78所示。

12）再单击"OK"，如图2-79所示。

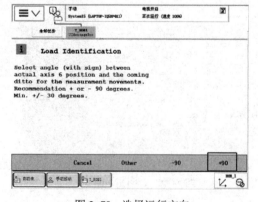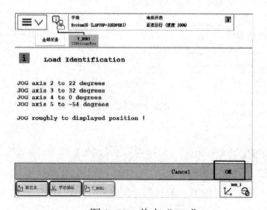

图2-78　选择运行方向　　　　　　　图2-79　单击"OK"

13）单击"MOVE"，如图 2-80 所示。
14）单击"Yes"，如图 2-81 所示。

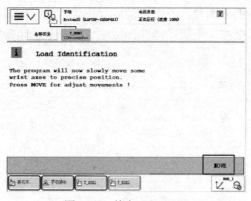

图 2-80　单击"MOVE"　　　　　　图 2-81　单击"Yes"

15）再单击"MOVE"，如图 2-82 所示。此时机器人会进行一系列手动运行，请耐心等待（注意机器人运行过程中保持按下示教器上的使能按键）。

16）当示教器上的屏幕出现如图 2-83 所示界面时，表明手动运行完成，提示转到自动模式。松开使能按键，在电控柜上将模式由手动转为自动，示教器上弹出的对话框如图 2-84 所示。单击"确定"。

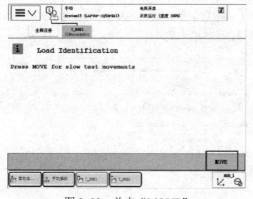
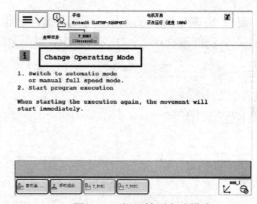

图 2-82　单击"MOVE"　　　　　　图 2-83　提示转到自动模式

17）按下机器人控制柜上的电机上电按钮，该按钮指示灯亮，电机开启，如图 2-85 所示。

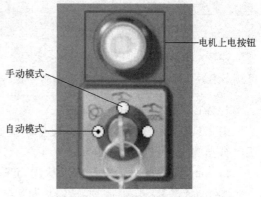

图 2-84　确定转到自动模式　　　　　图 2-85　按下电机上电按钮

18)示教器上单击运行按钮,如图 2-86 所示。此时机器人会进行一系列自动运行,请耐心等待。

19)当示教器的屏幕上出现如图 2-87 所示的界面时,表明自动运行完成,提示转回手动模式。在电控柜上将模式由自动转为手动,重新按下使能按键并保持住后,单击示教器屏幕上的"OK"按钮。

图 2-86　单击运行按钮　　　　　　　　图 2-87　转回手动模式后单击"OK"

20)再次按下如图 2-86 所示的示教器运行按钮。当屏幕显示如图 2-88 所示时,单击"OK"。

21)稍等片刻,显示出工具重心偏移量和质量测试结果如图 2-89 所示,单击"Yes",系统会将测试值自动写入工具数据中,重心和质量的测试完成。

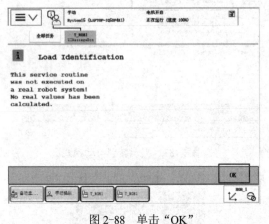 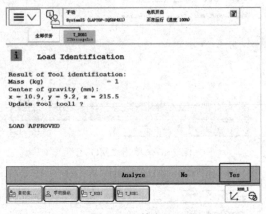

图 2-88　单击"OK"　　　　　　　　　图 2-89　单击"Yes"

注意:如果某个步骤做错了或未成功,可在"程序编辑器"的"调试"中选择"取消调用例行程序",这样就可以重新开始测量操作了。

4. 输入已知工具数据

由工具数据的定义以及工具质量、重心测量的介绍可知,工具数据的三个重要参数如下。

1)trans 参数:新 TCP 相对于默认 TCP(机器人法兰中心)的 X、Y、Z 坐标偏移量。

2)mass 参数:工具质量,以 kg 为单位。

2-10　工具数据手动设定

3）cog 参数：工具相对于默认 TCP（机器人法兰中心）的 X、Y、Z 坐标偏移量。

对于真空吸盘、夹爪等工具，如果在安装前就已经测量或计算出三个重要参数值，可通过直接输入参数值的方式进行，从而省略前面介绍的定义工具数据操作以及测量工具的质量与重心操作。

以如图 2-90 所示真空吸盘为例，该工具的质量为 20kg，重心位置在 tool0 的正 Z 方向偏移了 200mm，TCP 点从 tool0 上的正 Z 方向偏移了 350mm。

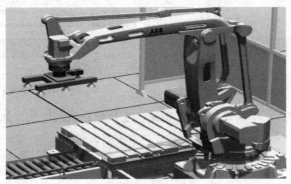

图 2-90　真空吸盘工具

新工具 tool2 的数据输入方法如下。

1）创建新工具数据 tool2 后，单击"编辑"，在上拉菜单中选择"更改值"，如图 2-91 所示。

2）在显示的 tool2 参数中，找到 trans 参数组，输入新 TCP 相对默认 TCP（即机器人法兰中心）之间的 X、Y、Z 坐标偏移量。本例中，X、Y 方向的偏移量均为 0，Z 方向的偏移量为 350mm，在 Z 参数值处输入"350"，单击"确定"，如图 2-92 所示。

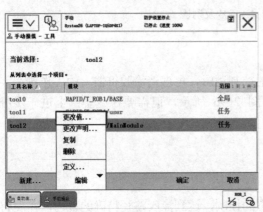

图 2-91　选择"更改值"

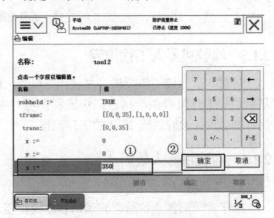

图 2-92　输入 trans 参数组的数值

3）找到 mass 参数，输入工具质量。本例中，工具的质量为 20kg，在 mass 参数值处输入"20"，单击"确定"，如图 2-93 所示。

4）找到 cog 参数组，输入工具重心相对默认 TCP（即机器人法兰中心）之间的 X、Y、Z 坐标偏移量。本例中，X、Y 方向的偏移量均为 0，Z 方向的偏移量为 200mm，在 Z 参数值处输入"200"，单击"确定"，如图 2-94 所示。

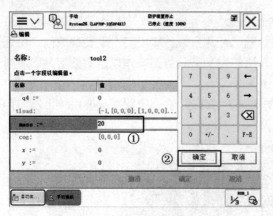

图 2-93　输入 mass 参数的数值

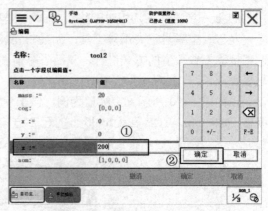

图 2-94　输入 cog 参数组的数值

5）参数输入完成后，单击"确定"，至此，工具数据输入完成，如图 2-95 所示。

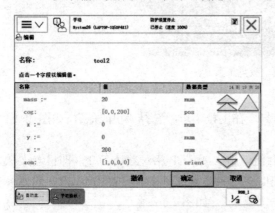

图 2-95　工具数据输入完成及确认

2.1.5　涂胶机器人工作流程

针对本次涂胶工作要求，先设计好机器人的控制逻辑，再理清涂胶机器人的工作过程，最后进行工作流程图绘制。工作流程图可参考图 2-96 所示，但需要在此基础上进一步细化，增加运行涂胶轨迹 2、3 的工作流程。

2.1.6　涂胶机器人数据

1. 工具数据

为了便于后期点位数据的调试和涂胶枪姿态的控制，达到涂胶路径精确的目的，需要将工具中心点（TCP）移动至涂胶枪末端。为达到此目的，新建工具坐标 tool_glue，采用四点法测量出 trans 参数值，采用重心与质量测量步骤分别测量出 cog 和 mass 参数值。

2. 点位数据

根据图 2-96 所示工作流程图，机器人需要的点位数据主要有三部分。第一部分为运行涂胶轨迹 2 所需要的点位数据；第二部分为运行涂胶轨迹 3 所需要的点位数据；第三部分为回到安全位置需要的点位数据。

学习情境2 涂胶机器人编程与调试

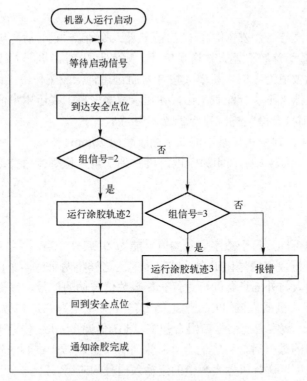

图 2-96 涂胶工作流程图

运行直线轨迹只需要起点和终点两个点位数据，运行圆弧需要起点、中间点、终点三个点位数据。运行轨迹为完整圆时，至少要拆分为两段圆弧分别运行。运行涂胶轨迹 2 的点位数据参考图 2-97 所示（可多划分成几段圆弧），运行涂胶轨迹 3 的点位数据参考图 2-98 所示。

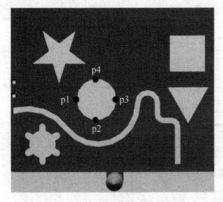

图 2-97 轨迹 2 的点位数据

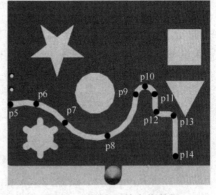

图 2-98 轨迹 3 的点位数据

任务 2.2　创建机器人信号

 任务描述

根据任务 2.1 所描述的涂胶要求，分析该涂胶机器人与外部设备之间需要哪些通信信号，绘制出机器人板卡 I/O 信号接线图，在机器人系统中创建这些信号并验证其正确性。

91

涂胶技术要求：

1）涂胶前机器人处于一个安全位置，当工业机器人收到启动信号后便开始运行。

2）外部控制设备给涂胶机器人发送组信号。数值为 2 时，机器人按 2 号轨迹进行涂胶工作；当该组信号的数值为 3 时，机器人按 3 号轨迹进行涂胶工作；当该组信号的数值既不为 2 也不为 3 时，机器人不执行涂胶工作，并在示教器屏幕上提示用户信号发送错误。

3）涂胶开始之前打开涂胶枪，等待 2s 后开始涂胶。

4）涂胶路径准确，涂胶枪末端不能高于涂胶表面 20mm。

5）涂胶完成后，机器人先关闭涂胶枪，再回到安全点位等待，并通知外部控制设备涂胶完毕。

2-11 机器人组 I/O 信号设定

2.2.1 配置组信号

通过前面的应用可知，1 个数字信号的值只能为 0 或 1，当传递值≥2 时，只能将数字信号口组合后进行传递。这样将两个或两个以上的数字信号接口并为一个组，使机器人与外部设备间可进行正整数数值传输的信号，就称为组信号。

如图 2-99 所示，机器人向 PLC 输出信号值 6（转化为二进制数为"110"），即可将 do1、do2、do3 这 3 个数字输出信号口组合起来，do3 传递 1，do2 传递 1，do1 传递 0。PLC 在收到这三个信号口的数值后，将它们合并起来进行二进制转十进制的转化，即可得到相同数值 6 了。同理，也可以进行机器人数值的组输入信号的应用。

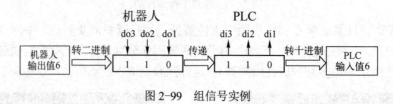

图 2-99 组信号实例

机器人 DSQC652 板卡数字输入端子 X3 的连接电路如图 2-100 所示，将 DI5、DI6 两个数字输入信号口组合起来，配置为组输入信号，主要配置参数见表 2-1。

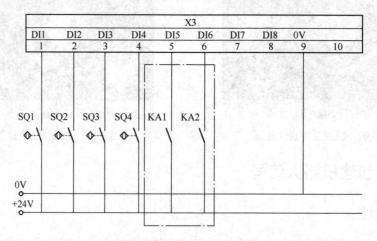

图 2-100 X3 端子连接电路

表 2-1　组输入信号参数

参 数 名 称	设 定 值	说　　明
Name	gi1	设定组输入信号在系统中的名称，可以以"gi+序号或信号功能"进行命名
Type of Signal	Group Input	设定信号类型为组输入信号，组输出信号为 Group Output
Assigned to Device	board10	设定信号所存在的I/O 板名称
Device Mapping	4-5	设定信号所占用的地址

该组输入信号具体配置步骤如下。

1）在手动模式下，进入 ABB 主菜单，选择 "控制面板"后单击"配置"选项，如图 2-101 所示。

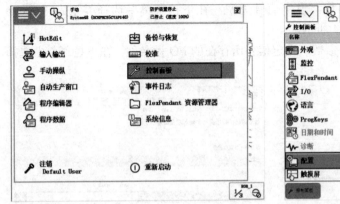

图 2-101　选择"配置"选项

2）双击"Signal"，单击下方"添加"按钮，如图 2-102 所示。

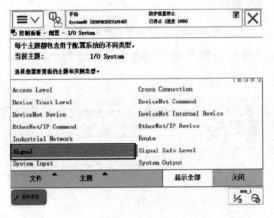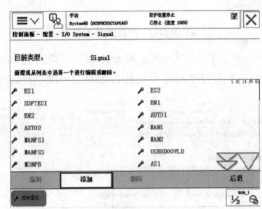

图 2-102　添加信号

3）进入信号配置界面后，单击"Name"参数，进入信号名称设置界面，将信号名称修改为"gi1"并单击下面的"确定"按钮，如图 2-103 所示。

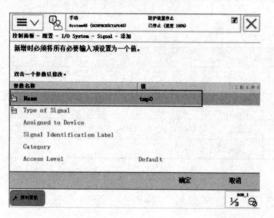 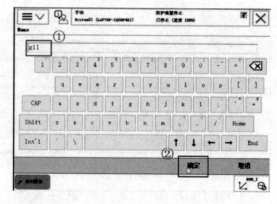

图 2-103　设置信号名称

4）单击"Type of Signal"参数，设定信号类型，在下拉菜单中选择类型为"Group Input"的数字输入信号，如图 2-104 所示。

5）单击"Assigned to Device"参数，设定信号所存在的 I/O 板名称，在下拉菜单中选择"board10"，如图 2-105 所示。

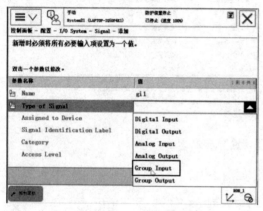 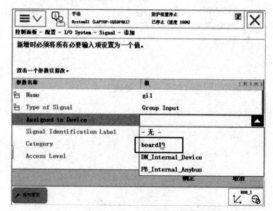

图 2-104　设置信号类型　　　　　　　图 2-105　设置信号存在的 I/O 板名称

6）单击"Device Mapping"参数，进入信号地址设置界面，修改信号地址为"4-5"并单击下面的"确定"按钮，如图 2-106 所示。

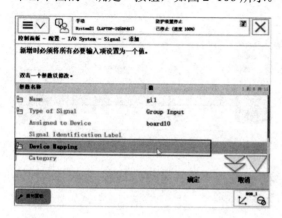 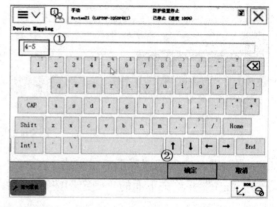

图 2-106　设置信号地址

7)确认配置的信号参数后,单击"确定",如图 2-107 所示。

8)信号配置必须在系统重新启动后才能生效,因此会弹出是否重启的对话框。如果不再配置信号,单击"是"以重新启动系统,如图 2-108 所示;如果还要进行信号配置,可以在信号配置完成后再重新启动,单击"否"暂时不重启。

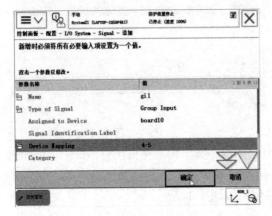

图 2-107 确认信号

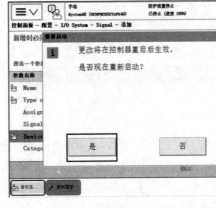

图 2-108 选择是否重启系统

2.2.2 查看与仿真组信号

创建完成并系统重新启动后,创建的组信号可进行查看与仿真操作,以便于在机器人调试和检修时使用。

2-12 组 I/O 信号查看与仿真

组信号的查看与仿真操作如下。

1)进入 ABB 主菜单,选择"输入输出",如图 2-109 所示。

2)打开右下角的"视图"菜单,选择"全部信号",如图 2-110 所示。若只查看组输入信号,可选择"组输入";若只查看组输出信号,可选择"组输出"。

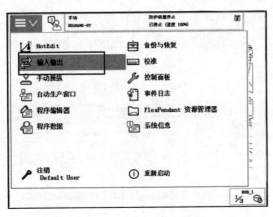

图 2-109 选择"输入输出"

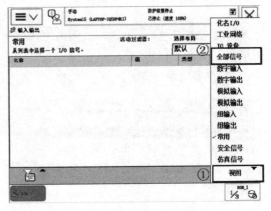

图 2-110 选择全部信号

3)在显示的信号列表中选择需要查看与仿真的组信号,这里选择"gi1",如图 2-111 所示。

4)单击"仿真"按钮,如图 2-112 所示。

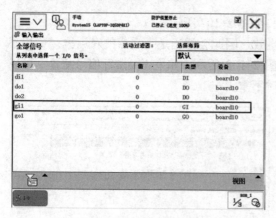
图 2-111 选择 gi1 信号

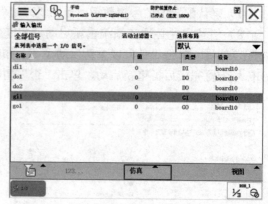
图 2-112 单击"仿真"

5）单击"123…"，更改 gi1 的当前值。gi1 是由两个数字输入接口组合而成的，能传递的最小值为二进制数"00"即十进制的 0，能传递的最大值为二进制数"11"即十进制的 3。因此，该组信号当前值能输入 0~3 中的任意值，如图 2-113 所示。

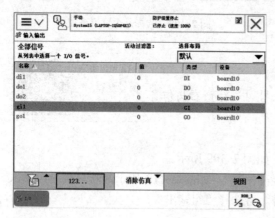

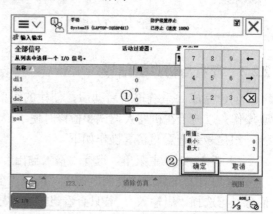

图 2-113 组输入信号仿真值

若输入值不在 0~3 这一范围内，则会弹出"输入值超出有效范围"提示框，如图 2-114 所示。

6）需要结束仿真时，单击"清除仿真"即可取消仿真，如图 2-115 所示。

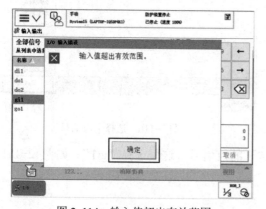
图 2-114 输入值超出有效范围

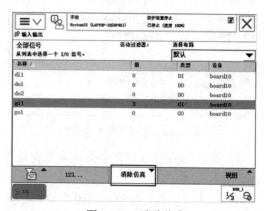
图 2-115 消除仿真

组输出信号的仿真步骤与组输入信号的仿真步骤基本一致,具体如下。

1)选中需要仿真的组输出信号"go1",单击"仿真"按钮,如图 2-116 所示。

2)单击"123…",更改 go1 的当前值。设定该 go1 是由三个数字输出接口组合而成的,能传递的最小值为二进制数"00"即十进制的 0,能传递的最大值为二进制数"111"即十进制的 7。因此,该组信号当前值能输入 0~7 中的任意值,如图 2-117 所示。

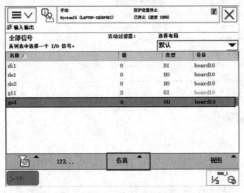 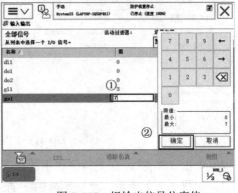

图 2-116 选择"go1"进行仿真　　　　　图 2-117 组输出信号仿真值

若输出值不在 0~7 这一范围内,弹出超出有效范围的提示框。

3)需要结束仿真时,单击"清除仿真"即可取消仿真,如图 2-118 所示。

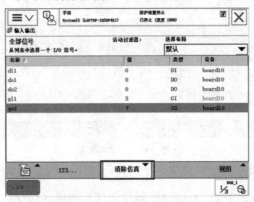

图 2-118 取消信号仿真

2.2.3 备份与恢复信号

ABB 工业机器人的信号数据可进行单独的备份。为了方便操作或缩短现场操作时间,还可在计算机上对备份的信号进行更改,再重新恢复到机器人中。进行机器人信号的备份与恢复操作时,若机器人信号数据是备份到外部存储设备中(如 USB 存储设备),或者从外部存储设备中恢复到机器人,都需要先将 USB 存储设备(例如 U 盘)插入示教器的 USB 端口,如图 2-119 所示。

2-13　信号备份与恢复操作

图 2-119 示教器的 USB 端口

1. 备份信号

1）在示教器主菜单中，单击"控制面板"，再选择"配置"选项，如图 2-120 所示。

图 2-120　选择"配置"选项（备份信号）

2）单击"文件"，在上拉菜单中选择"'EIO'另存为"选项，如图 2-121 所示。

3）如图 2-122 所示，单击图标，直到出现根目录（可能需要多次单击），如图 2-123 所示。

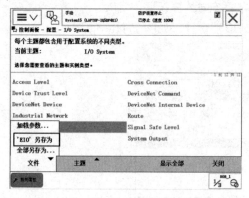 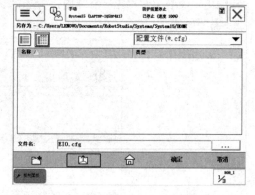

图 2-121　选择"'EIO'另存为"选项　　　图 2-122　单击进入上一级文件夹

4）选择"D:"（此实例中的 D 盘为外部存储盘）为保存路径，显示 D 盘现有文件，单击下方"确定"，确认保存路径，如图 2-124 所示。

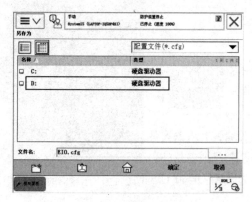 

图 2-123　选择根目录下保存路径　　　图 2-124　确定保存路径

5）信号数据备份完成后，打开 D 盘就会发现已存在信号数据文件"EIO.cfg"，如图 2-125 所示。

6）文件"EIO.cfg"可用记事本打开，如图 2-126 所示。

图 2-125　备份的"EIO.cfg"　　　　　　　图 2-126　用记事本打开"EIO.cfg"

7）打开后的 "EIO.cfg"文件下方显示了所有已定义的信号信息，如图 2-127 所示。每个信号信息从左向右依次是信号名称、信号类型、所属的 I/O 卡名称、地址。

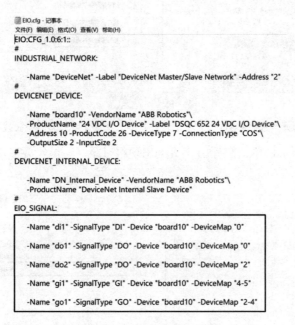

图 2-127　备份的信号信息

用户可根据需求在记事本中对信号进行修改、添加和删除，更改完成后保存即可。

2. 恢复信号

1）在示教器主菜单中，单击"控制面板"，再选择"配置"选项，如图 2-128 所示。

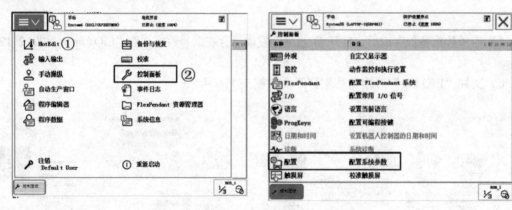

图 2-128 选择"配置"选项(恢复信号)

2)单击"文件",在上拉菜单中选择"加载参数…"选项,如图 2-129 所示。

3)选择"加载参数并替换副本"选项后,单击"加载",如图 2-130 所示。

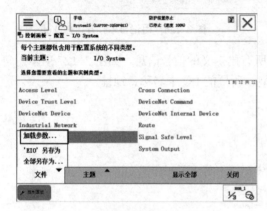 

图 2-129 选择"加载参数"   图 2-130 选择"加载参数并替换副本"

4)如图 2-131 所示,单击图标 ,直到出现根目录(可能需要多次单击),如图 2-132 所示。

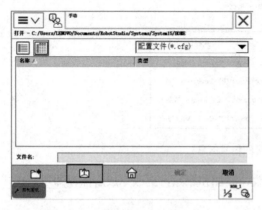 

图 2-131 单击进入上一级文件夹   图 2-132 选择根目录下路径

5)选择"EIO.cfg"文件所存在的路径。本例单击"D:",在显示的 D 盘文件中,选中要恢复的"EIO.cfg"文件,单击"确定",如图 2-133 所示。

6)提示要重新启动系统后才能生效,单击"是",如图 2-134 所示。系统重启后,信号恢复操作完成。

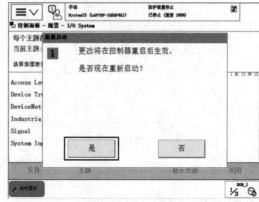

图 2-133 选中"EIO.cfg"文件　　　　　图 2-134 重启系统

2.2.4 涂胶机器人信号接线图

这里采用的是 ABB IRB1200 机器人,其标准 I/O 板 DSQC652 的 X5 端子设置硬件地址为 10。需要的数字输入信号有启动信号;需要的数字输出信号有涂胶枪控制信号、涂胶完成信号;需要的组输入信号有外部控制设备通知涂胶机器人涂胶轨迹编号的组信号。由于组信号通信数值最大为 3,即二进制中的"11",因此采用两个数字输入信号口组合即可。

根据上述内容,绘制出标准 I/O 板输入端子 X3 的接线图,如图 2-135 所示,接口 1 为启动信号,连接启动按钮;接口 3、4 通过中间继电器与 PLC 输出口进行转接(中间继电器起保护作用),用于组信号通信。输出端子 X1 的接线图如图 2-136 所示,接口 2 通过中间继电器控制涂胶枪的开关;接口 3 通过中间继电器转接,与 PLC 输入口进行涂胶是否完成的通信。

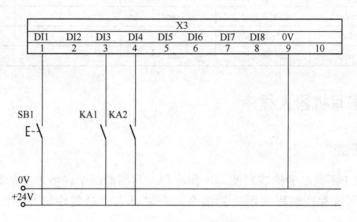

图 2-135 X3 端子接线图

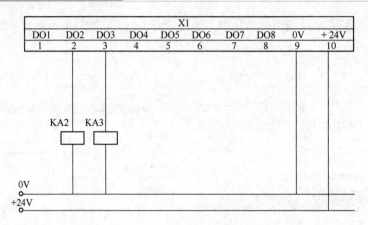

图 2-136　X1 端子接线图

2.2.5　涂胶机器人信号配置

板卡配置表见表 2-2，信号配置表见表 2-3。根据配置表，即可按配置步骤完成 I/O 板与信号的配置，并利用信号仿真操作检查信号是否能正常运行。为方便后期调试方便，可将输出信号配置成可编程快捷按键。

表 2-2　板卡配置列表实例

		I/O 板配置信息（参考用）					
序号	板卡类型	板卡名称	地址	板卡所提供信号个数（单位：个）			
				数字输入	数字输出	模拟输入	模拟输出
1	DSQC652	board10	10	16	16	0	0

表 2-3　信号配置列表实例

	信号配置信息（参考用）				
序号	信号名称	信号类型	所属板卡	地址	备注
1	di_star	数字输入信号	board10	0	运行启动信号
2	gi_number	组输入信号	board10	2~3	运行轨迹编号
3	do_glue	数字输出信号	board10	1	涂胶枪控制信号
4	do_finish	数字输出信号	board10	2	涂胶完成信号

任务 2.3　编写机器人程序

 任务描述

依据任务 2.1 所绘制的涂胶机器人工作流程，利用前两个任务创建的数据和信号，分析与学习该工作流程控制程序所需的指令，在机器人示教器中编写出涂胶机器人运行程序。

涂胶技术要求：同任务 2.2。

2.3.1 创建与编辑程序模块

1. 创建程序模块

2-14 程序模块的创建与编辑操作

1）进入 ABB 主菜单，选择"程序编辑器"，在程序界面的上方单击"模块"按钮，如图 2-137 所示。

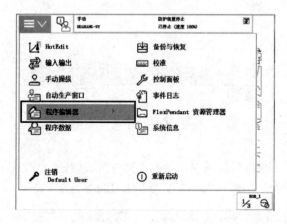
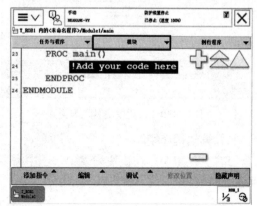

图 2-137 进入"模块"界面

2）在弹出的模块列表中，单击左下角"文件"上拉菜单中的"新建模块..."，如图 2-138 所示。

3）此时会弹出添加新模块后将丢失程序指针的提示，如果确定需要新建，单击"是"，如图 2-139 所示。

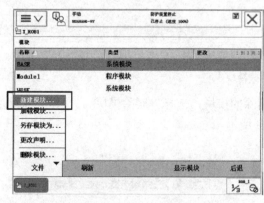

图 2-138 选择"新建模块"　　　　　图 2-139 确认新建

4）单击"ABC..."后设置模块名称（这里暂时设置为"MADUO"）；单击"类型"下拉菜单，选择要创建的是程序模块还是系统模块，一般用户只需要使用程序模块，选择"Program"。单击"确定"，确认创建操作，如图 2-140 所示。

5）此时回到了程序模块列表，可看见新创建的程序模块都显示在了列表中，单击下方的"显示模块"，如图 2-141 所示，可进入该模块的程序列表界面。

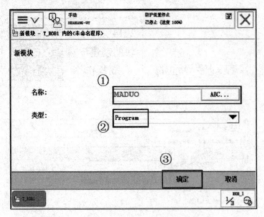

图 2-140 设置模块名称与类型

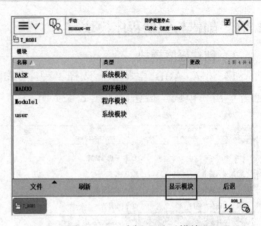

图 2-141 选择"显示模块"

2. 编辑程序模块

1)更改声明：在模块列表中，选中需要更改声明的模块，单击"文件"，选择"更改声明"。可以对模块的名称以及类型进行修改，完成后单击"确定"，如图 2-142 所示。

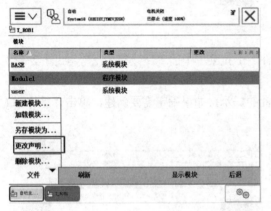

图 2-142 更改模块声明

2)删除模块：在模块列表中，选中需要删除的模块，选择"删除模块"。在弹出的提示对话框中，单击"确定"即可删除，如图 2-143 所示。

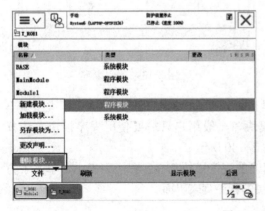

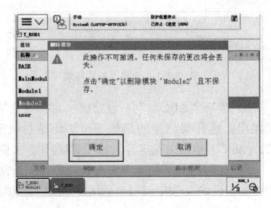

图 2-143 删除模块

2.3.2 备份与恢复程序模块

2-15 程序模块备份与恢复操作

1. 备份程序模块

下面以将程序模块备份到 USB 中为例,介绍操作过程如下。

1)将 U 盘插入示教器右下角的 USB 插口,U 盘的文件系统必须是 FAT32,如图 2-144 所示。

2)单击主菜单中的"程序编辑器",单击"模块"进入模块界面后,选中需要保存的模块文件,单击"文件"中的"另存模块为",如图 2-145 所示。

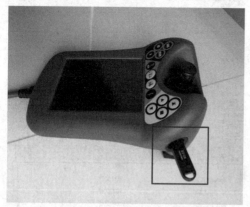

图 2-144 插入 USB

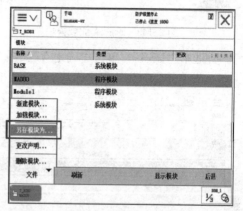

图 2-145 选择"另存模块为"

3)如图 2-146 所示,单击图标 ,可能需要多单击几次,直到出现 USB。

4)选中"USB",单击"确定",便将模块的 MOD 文件储存到了 U 盘中,如图 2-147 所示。注意,文件路径中不能有中文。

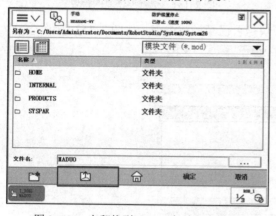

图 2-146 上翻找到 USB(备份程序模块)

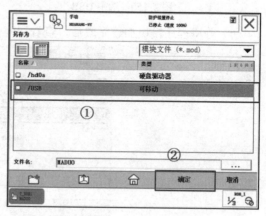

图 2-147 选择备份到 USB

2. 恢复程序模块

下面以将程序模块从 U 盘恢复到系统中为例,介绍操作过程如下。

1)将存储了模块程序的 U 盘插入示教器右下角的 USB 插口,U 盘的文件系统必须是 FAT32。

2)进入到程序模块列表界面,单击"文件"中的"加载模块",如图 2-148 所示。

3)如图 2-149 所示,单击图标 ,直到出现 USB,可能需要多次单击。

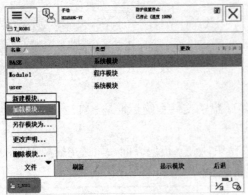
图 2-148 选择"加载模块"

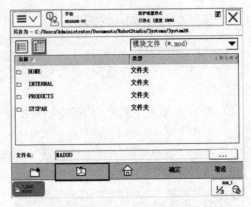
图 2-149 上翻找到 USB（恢复程序模块）

4）选中"USB"，单击"确定"，如图 2-150 所示。

5）选中需要加载的程序模块 MOD 文件，单击"确定"，如图 2-151 所示。

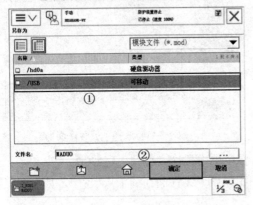
图 2-150 选中 USB

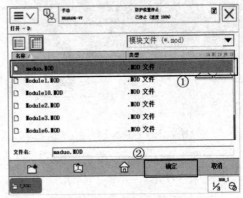
图 2-151 选择要恢复的模块

6）等待程序模块加载完成后，查看程序模块是否已经加载进来，如图 2-152 所示。

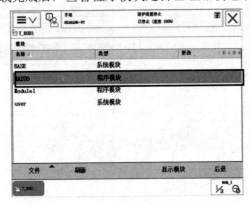
图 2-152 查看恢复的程序模块

2.3.3 程序模块加密

1）对备份出来的程序模块文件，用记事本打开，在模块声明后面添加"（NOVIEW）"，如图 2-153 所示。

2）将修改后的程序模块文件重新恢复到系统中，这样该程序模块就在工业机器人内显示为不可查看，如图 2-154 所示。

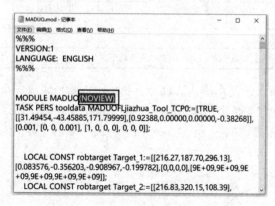

图 2-153　更改模块属性

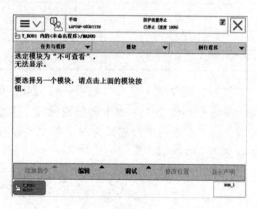

图 2-154　模块不可查看

2.3.4　圆弧运动指令

【功能】圆弧运动指令（MoveC）是机器人 TCP 以圆弧移动方式移动至目标点，如图 2-155 所示。当前点、中间点与目标点这三点决定一段圆弧，第一个点是圆弧的起点，是上一个指令的目标点；第二个点用于确定圆弧的曲率；第三个点是圆弧的终点。

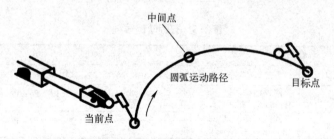

图 2-155　圆弧运动路径

【特点】圆弧运动时机器人运动状态可控，运动路径保持唯一，常用于机器人的工作状态移动。

【格式】圆弧运动指令格式如图 2-156 所示，各数据说明见表 2-4。

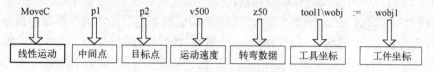

图 2-156　圆弧运动指令格式

表 2-4　圆弧运动各数据说明

数　据	定　义
中间点	定义机器人 TCP 圆弧运动的中间点位置，用于确定圆弧的曲率
目标点	定义机器人 TCP 圆弧运动的终点位置
运动速度	定义速度（mm/s），在手动状态下，所有运动速度被限速在 250mm/s

(续)

数 据	定 义
转弯数据	定义转弯区的大小（mm），如果转弯区数据设置为"fine"，表示机器人 TCP 达到目标点，在目标点速度降为零
工具坐标数据	定义当前指令使用的工具坐标
工件坐标数据	定义当前指令使用的工件坐标，如果使用 wobj0，该数据可省略不写

注意：圆弧指令最大只能画一段 240°的圆弧，无法只通过一个 MoveC 指令完成一个圆。要运行如图 2-157 所示的整圆轨迹，至少需要使用两次 MoveC 指令：第一次在 p1 点、p2 点和 p3 点之间进行圆弧运动，第二次在 p3 点、p4 点和 p1 点之间进行圆弧运动。具体运行程序见表 2-5。

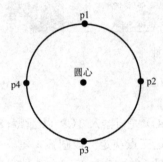

图 2-157 整圆运动路径

表 2-5 整圆轨迹编程

程 序	注 释
MoveJ p1,v300,fine,tool1;	关节运动到 p1 点，速度为 300mm/s，准确到达，采用 tool1 工具数据
MoveC p2,p3,v100,fine,tool1;	圆弧运动，以 p1 点为起点，以 p3 点为终点，在 p1、p2、p3 点之间走圆弧。速度为 100mm/s，准确到达，采用 tool1 工具数据
MoveC p4,p1,v100,fine,tool1;	圆弧运动，以 p3 点为起点，以 p1 点为终点，在 p3、p4、p1 点之间走圆弧。速度为 100mm/s，准确到达，采用 tool1 工具数据

2.3.5 组信号指令

1. 读取组信号状态指令

2-16 组信号指令

（1）等待组输入信号指令——WaitGI

【作用】等待一个组输入信号状态为设定值。

【实例】WaitGI gi1 , 5 ; //等待组输入信号 gi1 的值为 5 之后，才执行下面的指令。

【常用功能】添加"\MaxTime"功能，可设置允许等待的最长时间，以秒计，如：

WaitGI gi1,5\ MaxTime:= 0.2; //如果在 0.2s 内 gi1 还未为 5，则将调用错误处理器，错误代码为 ERR_WAIT_MAXTIME。

（2）等待组输出信号指令——WaitGO

【作用】等待一个组输出信号状态为设定值。

【实例】WaitGO go1 , 3 ; //等待组输出信号 go1 的值为 3 之后，才执行下面的指令。

2. 设置组信号状态指令

设置组输出信号状态指令——SetGO

【作用】将组输出信号置为一个值。
【实例】SetGO go1, 5 ; //将组输出信号 go1 的值置为5。
【注意】组输出信号设置的值不能超出该组信号的数值范围,否则运行时会报错。

3. 组信号指令添加操作

组信号指令添加操作步骤与前面介绍的数字信号指令添加操作相似,下面以 SetGO 指令为例,讲解添加组信号指令的操作步骤。

1)进入 ABB 主菜单,选择"程序编辑器",打开需要添加组信号指令的例行程序,选中要添加的位置,单击"添加指令",如图 2-158 所示。

2)弹出的指令列表只显示了最常用的一些指令,没有 SetGO 指令。在指令列表上方单击"Common",选择"I/O"指令库,如图 2-159 所示。

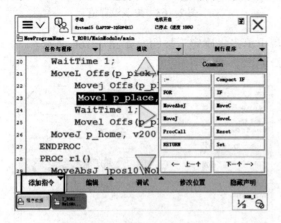

图 2-158 选择"添加指令"

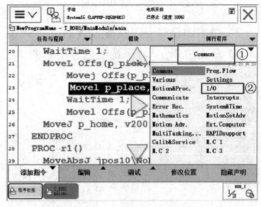

图 2-159 选择 I/O 指令库

3)在显示的"I/O"指令列表中,单击"下一个—>",如图 2-160 所示。

4)单击"SetGO"指令,如图 2-161 所示。

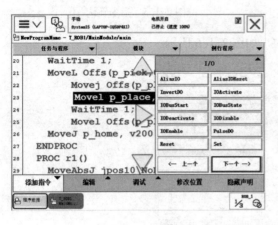

图 2-160 指令库翻页

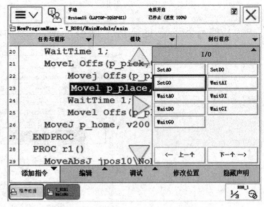

图 2-161 添加 SetGO 指令

5)在弹出的指令设置界面中,选择需要设置值的组信号"go1",如图 2-162 所示。

6)选中指令右侧的数字"0",单击"123...",如图 2-163 所示。

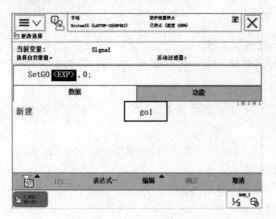
图 2-162 选择组信号

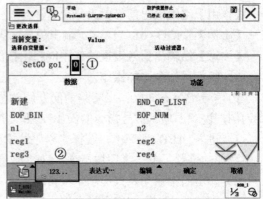
图 2-163 更改设置值

7）单击组信号 go1 需要设置的值"5"后，再单击"确定"按钮，如图 2-164 所示。
8）单击"确定"，确认组信号指令的添加，如图 2-165 所示。

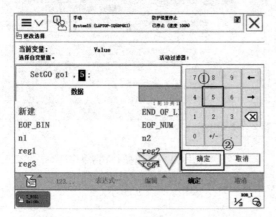
图 2-164 设定值为 5

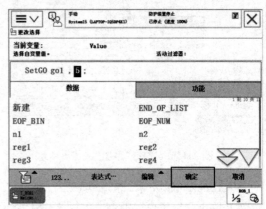
图 2-165 指令确认

9）信号指令添加完成，指令显示在程序中，如图 2-166 所示。

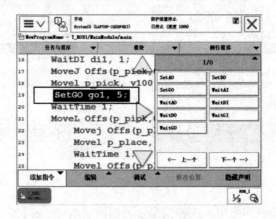
图 2-166 添加的组信号指令

110

2.3.6 调用程序指令

【作用】在程序中调用执行其他程序。调用的程序类型可以为例行程序、中断程序及功能程序。

【格式】ProcCall( );

【应用】以主程序中调用 Routinel 程序为例,具体操作步骤如下。

1)打开程序编辑器,在主程序中选中需要调用程序的位置,单击"添加指令",在右方显示的指令列表中单击"ProcCall",如图 2-167 所示。

2)弹出现有的程序列表,选择"Routinel"程序,单击"确定",如图 2-168 所示。

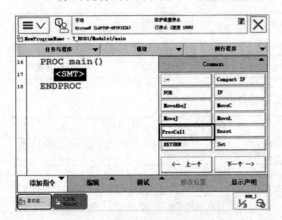

图 2-167 选择调用程序指令 ProcCall

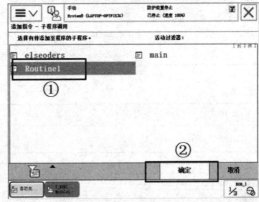

图 2-168 选择调用程序 Routinel

3)程序调用完成,程序显示如图 2-169 所示。

图 2-169 程序调用完成

2.3.7 读取位置指令

【作用】读取当前机器人点位位置数据。

【格式】CRobT( );

【实例】

2-17 读取位置指令的应用

PERS robtarget　p10;　　　　//定义 robtarget 类型的点位数据 p10，存储类型为可变量
　　p10 := CRobT(\Tool:=tool1); //指定工具数据为 tool1 的情况下（若采用默认工具数据 tool0，CRobT 括号内可为空），读取当前机器人点位位置数据，并将数据值赋给 p10。

【应用】以机器人回原点为例，为保证安全，防止机器人回原点时与外部设备发生碰撞，机器人回原点时，最好是先使 Z 轴回到原点位置，保证机器人高于其他设备后再使 X、Y 轴回到原点位置。为达到此目的，创建两个点位数据，见表 2-6，利用点位编写回原点程序见表 2-7。

表 2-6　回原点点位数据列表

序　号	数据名称	数据类型	存储类型	备　注
1	p_home	robtarget	常量	机器人原点
2	p_here	robtarget	可变量	读取当前位置赋值

表 2-7　回原点程序

程　序	注　释
p_here:=CRobT( );	工具数据采用 tool0 时，读取当前机器人点位位置数据，并将数据值赋给 p_here
p_here.trans.z:=p_home.trans.z;	p_here 的 Z 值等于 p_home 的 Z 值
MoveJ p_here,v300,z50,tool0;	关节运动到达 p_here 位置。由于 p_here 的 X、Y 值为机器人当前位置的 X、Y 值，因此只有 Z 轴方向运动到达 p_home 的 Z 值
MoveJ p_home,v300,fine,tool0;	关节运动到达原点位置

利用示教器进行现场编程，具体操作步骤如下。

1）在程序编辑器中新建回原点的例行程序"r_home"，单击"添加指令"，在弹出的指令列表中单击":="，如图 2-170 所示。

2）选中赋值符号":="左方的内容，单击"更改数据类型…"，如图 2-171 所示。

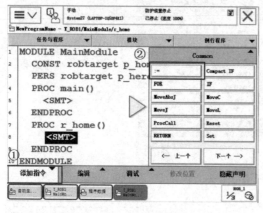

图 2-170　添加赋值指令

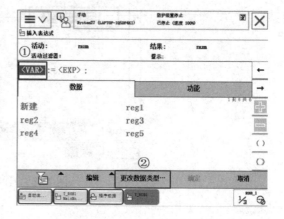

图 2-171　选择"更改数据类型"

3）选择"robtarget"数据类型，单击"确定"，如图 2-172 所示。

4）选中赋值符号":="左方的内容，单击"p_here"，如图 2-173 所示。

学习情境2 涂胶机器人编程与调试

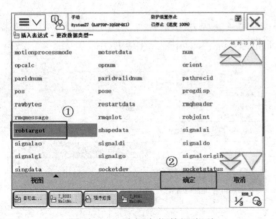

图2-172 选择点位数据类型

图2-173 选择被赋值点位数据

5）选中赋值符号":="右方的内容，单击"功能"，如图2-174所示。

6）在弹出的功能函数中，选择"CRobT()"后单击"确定"，如图2-175所示。

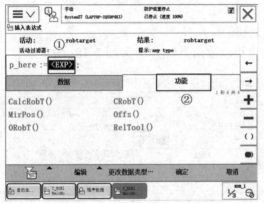

图2-174 选择"功能"选项

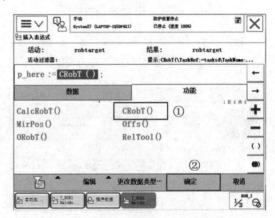

图2-175 选择读取当前位置指令

7）继续单击"添加指令"，在弹出的指令列表中单击":="，如图2-176所示。

8）选中赋值符号":="左方的内容，单击"编辑"上拉菜单中的"添加记录组件"，如图2-177所示。

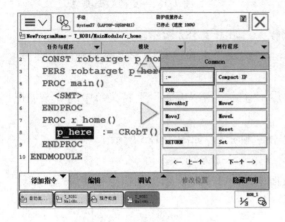

图2-176 继续添加赋值指令

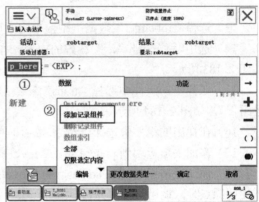

图2-177 选择"添加记录组件"

113

9）在弹出的组件中选择"trans"参数组，如图2-178所示。

10）继续单击"编辑"上拉菜单中的"添加记录组件"，如图2-179所示。

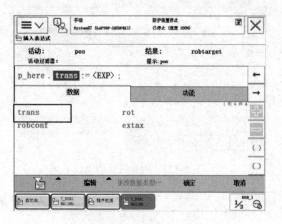

图2-178 选中trans参数组

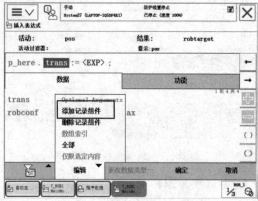

图2-179 继续添加记录组件

11）在弹出的组件中选择"z"参数，如图2-180所示。

12）选中赋值符号":="右方的内容，单击"更改数据类型…"，如图2-181所示。

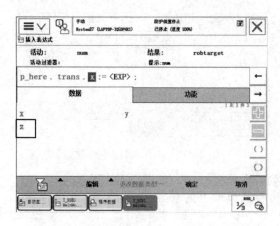

图2-180 选中"z"参数

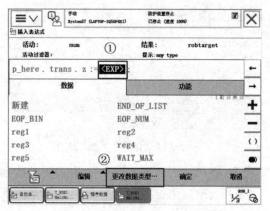

图2-181 更改数据类型

13）选择"robtarget"数据类型，单击"确定"，如图2-182所示。

14）选中赋值符号":="右方的内容，单击"编辑"上拉菜单中的"添加记录组件"，如图2-183所示。

15）在弹出的组件中选择"trans"参数组后，继续单击"编辑"上拉菜单中的"添加记录组件"，如图2-184所示。

16）在弹出的组件中选择"z"参数后，单击"确定"，如图2-185所示。

17）添加关节运动到p_here点的MoveJ指令如图2-186所示。

18）添加关节运动到p_home点的MoveJ指令如图2-187所示。回原点程序编写完成，需要回原点时，调用该程序即可。

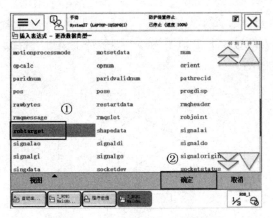

图 2-182　选择点位数据的数据类型

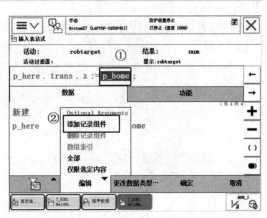

图 2-183　添加记录组件

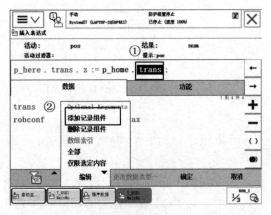

图 2-184　继续添加记录组件

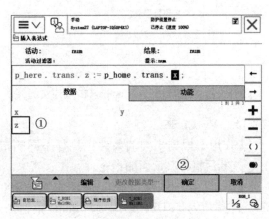

图 2-185　确认指令

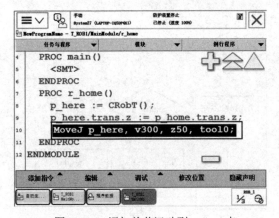

图 2-186　添加关节运动到 p_here 点

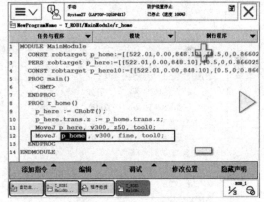

图 2-187　添加关节运动到 p_home 点

2.3.8　条件判断指令

1. Compact IF

【作用】紧凑型条件判断指令。当 IF 语句之后的条件满足时，就执行 IF 与 ENDIF 之间的指令。

【格式】Compact IF 的程序示例如图 2-188 所示。如果组输入信号 gi1 的值为 5，则条件满足，调用执行 routine1 例行程序；如果组输入信号 gi1 的值不为 5，则条件不满足，直接执行 ENDIF 后面的指令。具体流程如图 2-189 所示。

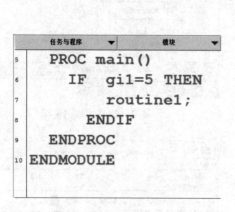

图 2-188 Compact IF 程序实例

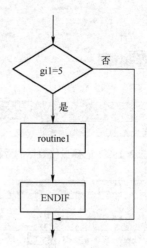

图 2-189 Compact IF 程序流程

2. IF…ELSE

【作用】根据不同的条件去执行不同的指令。可将程序分为多个路径，给程序多个选择，判断后执行其后面的指令。

【格式】IF…ELSE 的程序示例如图 2-190 所示。先判断 num1 的值是否为 1，为 1 则 flag1 被赋值为 TRUE；否则判断 num1 的值是否为 2，为 2 则 flag1 被赋值为 FALSE；不为 2 则将 do1 信号置位。具体流程如图 2-191 所示。

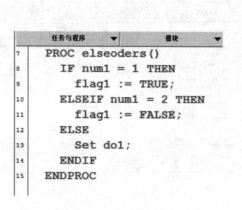

图 2-190 IF…ELSE 程序实例

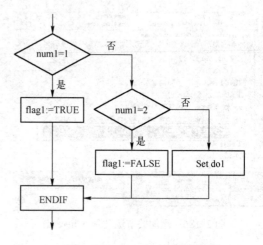

图 2-191 IF…ELSE 程序流程

注意：

1）IF 中的条件判定是从上往下依次进行的，只要满足条件就执行 THEN 到下一条件之前的指令，然后直接执行 ENDIF 结束条件判断，不会再进行该条件之后的条件判断。

2）ELSEIF 条件判定数量可以按用户需要进行增加或减少，可以一个都没有，也可以有多个。

3）IF 语句可以进行相互嵌套。如图 2-192 所示程序，在 Compact IF 中嵌套 IF…ELSE。

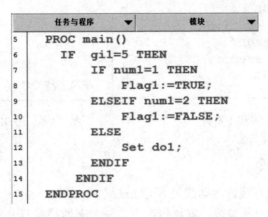

图 2-192　IF 语句嵌套实例

3. TEST

【作用】根据指定变量的判断结果，执行对应程序。

【格式】TEST 的程序示例如图 2-193 所示。判断 n1 数值，若 n1 值为 1，则执行 routine1；若 n1 值为 2，则执行 routine2；若 n1 值为 3，则执行 routine3；若这些条件都不满足则执行 DEFAULT 后的 stop 指令，具体流程如图 2-194 所示。

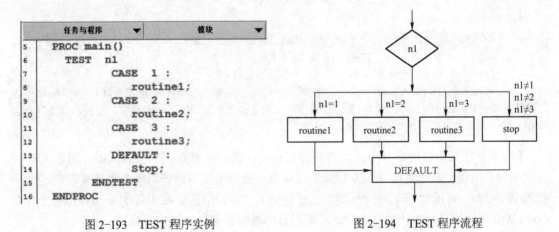

图 2-193　TEST 程序实例　　　　图 2-194　TEST 程序流程

注意：

1）TEST 中的 CASE 数目不定，可根据用户需求指定。在 CASE 中，若多种条件下执行同一操作，则可将条件合并在同一 CASE 中，如图 2-195 所示指令，n1 值为 1、2、3 中任意一个时，均执行 routine1。

2）DEFAULT 为所有 CASE 条件均不满足时执行，且 TEST 中可以没有 DEFAULT，如图 2-196 所示。此时若发生所有 CASE 条件均不满足的情况，则直接执行 ENDTEST 之后的指令。

```
5    PROC main()
6      TEST  n1
7        CASE  1,2,3:
8          routine1;
9        CASE  4 :
10         routine2;
11       DEFAULT :
12         Stop;
13     ENDTEST
14   ENDPROC
```

图 2-195　条件合并程序实例

```
5    PROC main()
6      TEST  n1
7        CASE  1,2,3:
8          routine1;
9        CASE  4 :
10         routine2;
11     ENDTEST
12   ENDPROC
```

图 2-196　无 DEFAULT 程序实例

2.3.9　轴配置监控指令

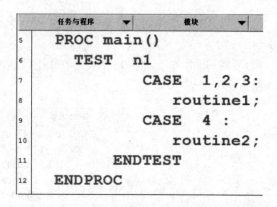

2-18　轴配置监控指令的应用

【作用】指定机器人在线性运动或关节运动过程中，是否严格遵循程序中已设定的轴配置参数。默认情况下，轴配置监控是打开的，当关闭轴配置监控后，机器人在运动过程中将会采取最接近当前轴配置数据的配置以到达指定目标点。

【格式】

ConfL \On;　//线性运动（MoveL）过程中轴配置监控打开
ConfJ \On;　//关节运动（MoveJ）过程中轴配置监控打开
ConfL \Off;　//线性运动（MoveL）过程中轴配置监控关闭
ConfJ \Off;　//关节运动（MoveJ）过程中轴配置监控关闭

【实例】

CONST robtarget p10 :=[[*,*,*],[*,*,*,*],[1,0,1,0],[*, *, *, *, *, *]];
//定义的点位数据 p10，其轴配置参数为[1,0,1,0]
ConfL \Off;　//关节运动（MoveJ）过程中轴配置监控关闭
MoveL p10, v1000, fine, tool0;　　//机器人在线性运动到 p10 点时，轴配置数据不一定为 p10 点指定的轴配置参数[1,0,1,0]，而是自动匹配一组最接近当前各关节轴姿态的轴配置数据，从而移动至目标点 p10。

【应用】在某些应用场合下，如两相邻目标点间的轴配置数据相差较大时，机器人运动过程中容易出现"轴配置错误"报警而造成停机。此种情况下，若对轴配置要求较高，则一般通过添加中间过渡点，来到达指定目标点；若对轴配置要求不高，则可通过指令 ConfL\Off 关闭轴监控，使机器人自动匹配可行的轴配置来到达指定目标点。

下面以关闭线性运动轴配置监控为例进行介绍，具体操作步骤如下。

1）在程序编辑器中，选中需要关闭线性运动轴配置监控的位置，单击"添加指令"，在指令库选择"Settings"，如图 2-197 所示。

2）在 Settings 指令库中，单击"ConfL"，进行轴配置监控指令添加。系统会自动添加出"ConfL\On;"指令，如图 2-198 所示。

3）单击"可选变量"，如图 2-199 所示。

4）显示变量"\On ‖ [\Off] ‖"，如图 2-200 所示。

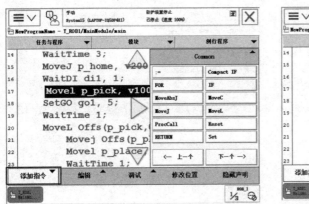 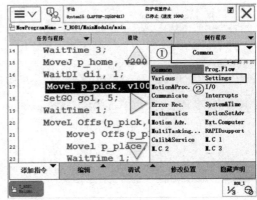

图 2-197　打开 Settings 指令组

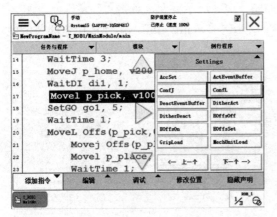 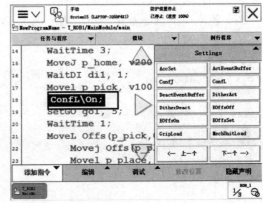

图 2-198　添加轴配置监控指令

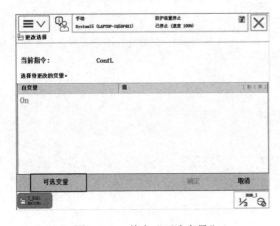 

图 2-199　单击 "可选变量"　　　　图 2-200　显示变量 "\On ‖ [\Off] ‖"

5）选中 "\Off"，单击下方的 "使用" 按钮，如图 2-201 所示。
6）单击右下角 "关闭" 按钮，如图 2-202 所示。

119

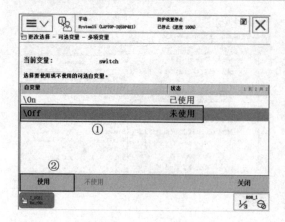
图 2-201 使用 "\Off"

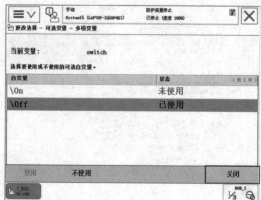
图 2-202 单击 "关闭"

7）在弹出的对话框中单击"关闭"，回到如图 2-203 所示界面，单击"确定"。

8）程序中的轴配置指令更改为如图 2-204 所示的"ConfL\Off"，运行该指令即关闭线性运动轴配置监控。

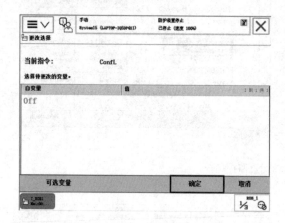
图 2-203 单击 "确定"

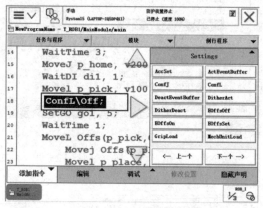
图 2-204 轴配置监控关闭指令

2.3.10 常用清屏写屏指令

【作用】控制机器人示教器屏幕显示。

【格式】

| TPErase; | //清空屏幕指令 |
| TPWrite " "\ := ; | //指定屏幕显示内容 |

【实例】

```
TPErase;
TPWrite  "The Robot is running!";   //示教器屏幕显示：The Robot is running!
TPWrite  "The Last CycleTime is :"\num:=n1;  //若当前 n1 的值等于 10，则示教器屏幕显示：The Last CycleTime is: 10
```

2.3.11 涂胶机器人程序

为了使涂胶控制程序逻辑清晰，便于调试运行，采用主程序调用例行程序的方法来编写程序。主程序负责涂胶工作流程的逻辑控制。各例行程序负责完成各项工作任务，采用一个例行程序负责机器人回到安全点位，一个例行程序负责涂胶轨迹 2 的运行，一个例行程序负责涂胶轨迹 3 的运行，一个例行程序负责机器人开始运行前恢复初始化状态。例行程序的分配可参考表 2-8 所示。

表 2-8 例行程序列表

程 序 名	功 能	程 序 名	功 能
main()	主程序	r_number2	涂胶轨迹 2 运行程序
r_initial	初始化程序	r_number3	涂胶轨迹 3 运行程序
r_home	回安全点程序		

1. 主程序

依据任务 2.1 的工作流程，主程序可使用"IF…ELSE"条件判断指令进行组信号数值的判断，编写涂胶机器人主程序见表 2-9。

表 2-9 主程序实例

程序列表（参考用）	
程 序	注 释
PROC main()	主程序
r_initial;	调用初始化程序
Waitdi di_star,1;	等待机器人启动信号为 1 后向下运行
IF gi_number=2 THEN	判断组信号是否等于 2
r_number2;	组信号等于 2，运行涂胶轨迹 2
r_home;	调用回安全点程序
Set do_finish;	通知外部 PLC 涂胶完成
ELSEIF gi_number=3 THEN	判断组信号是否等于 3
r_number3;	组信号等于 3，运行涂胶轨迹 3
r_home;	调用回安全点程序
Set do_finish;	通知外部 PLC 涂胶完成
ELSE	组信号不为 2 也不为 3
TPErase;	清空示教器屏幕
TPWrite "The track number is wrong!";	屏幕显示"The track number is wrong!"
ENDIF	条件判断语句结束
ENDPROC	主程序结束

2. 初始化程序

初始化程序用于将机器人恢复到工作前的初始化状态，包括回到安全点、关闭涂胶枪、复位涂胶完成信号等，可参考表 2-10 进行编写。

表2-10 初始化程序实例

程序列表（参考用）	
程　序	注　释
PROC r_initial()	初始化程序
r_home;	调用回安全点程序
Reset do_glue;	关闭涂胶枪
Reset do_finish;	复位涂胶完成信号
ENDPROC	例行程序结束

3．回安全点程序

回安全点程序请参考2.3.7节中的应用实例，这里不再叙述。

4．涂胶轨迹运行程序

涂胶轨迹2、3的运行程序结构完全一致，只是路径有所不同。以涂胶轨迹2为例，程序编写可参考表2-11进行编写。

表2-11 涂胶轨迹2运行程序实例

程序列表（参考用）	
程　序	注　释
PROC r_number2()	涂胶轨迹2运行程序
MoveJ offs(p1,0,0,150),v300,z50,tool_glue;	移动到涂胶起始点正上方150mm处，工具数据采用tool_glue
MoveJ offs(p1,0,0,30),v150,fine,tool_glue;	移动到涂胶起始点正上方30mm处
Set do_glue;	打开涂胶枪
WaitDi 2;	等待2s
MoveL p1,v30,fine,tool_glue;	移动到涂胶起始点p1
MoveC p2,p3,v30,fine,tool_glue;	进行第一段圆弧涂胶轨迹的运行
MoveC p4,p1,v30,fine,tool_glue;	进行第二段圆弧涂胶轨迹的运行
Reset do_glue;	关闭涂胶枪
WaitDi 1;	等待1s
MoveL offs(p1,0,0,150),v300,z50,tool_glue;	移动到涂胶起始点正上方150mm处
ENDPROC	例行程序结束

任务 2.4　调试机器人程序

 任务描述

依据涂胶机器人工作要求，学习自动运行控制方法，将任务2.3编写的机器人程序中所使用的点位修改到准确的目标位置。然后先手动运行机器人程序，检查其是否能实现功能要求。反复检查无误后，再自动运行机器人程序实现最终的涂胶功能。

涂胶技术要求：同任务2.2。

2.4.1 更新机器人转数计数器

ABB 工业机器人的转数计数器是用来计算电动机轴在齿轮箱中的转数用的。ABB 机器人在出厂时，6 个关节都有一个固定的机械原点的位置，如果此值丢失，机器人就不能执行任何程序。

2-19 转数计数器更新操作

在以下情况下，需要对机械原点的位置进行转数计数器更新操作。
1) 更换伺服电动机转数计数器的电池后。
2) 当转数计数器发生故障，修复后。
3) 转数计数器与测量板之前断开过。
4) 断电后，机器人关节轴发生了移动。
5) 当系统报警提示"10036 转数计数器未更新"时。

进行转数计数器更新的操作步骤如下。

1) 使用手动操作中的关节运动操纵机器人，让机器人各个关节轴按顺序运动到机械原点刻度位置。各关节轴运动的顺序是：4—5—6—1—2—3，各关节轴机械原点的位置在机器人各轴的轴身上，其机械原点刻度位置如图 2-205 所示。

注意：不同型号的机器人机械原点位置会有所不同，具体可以参考 ABB 操作说明书。

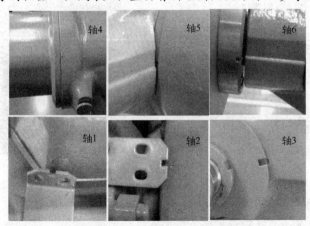

图 2-205 各关节轴机械原点刻度位置

2) 单击 ABB 主菜单，选择"校准"，如图 2-206 所示。
3) 单击"ROB_1 校准"，选择要校准的机械单元，如图 2-207 所示。

图 2-206 选择"校准"

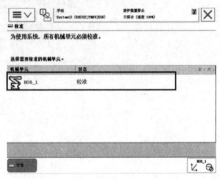

图 2-207 选择要校准的机械单元

4)单击左列的"校准参数",单击"编辑电机校准偏移",如图 2-208 所示,并在弹出的对话框中单击"是",以便重新进行转数计数器的更新操作。

图 2-208 选择"编辑电机校准偏移"

5)在弹出的"编辑电机校准偏移"界面中,对 6 个关节轴的偏移参数进行修正。将机器人本体上的 6 个电动机校准偏移值记录下来,依次填入校准参数中的 rob_1 至 rob_6 中,单"确定"按钮,如图 2-209 所示。

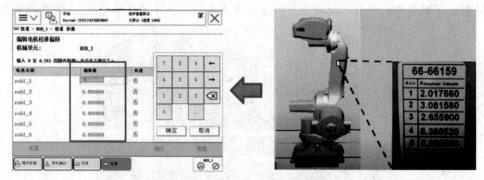

图 2-209 修改电动机校准偏移值

注意:如果示教器上显示的数值与机器人本体上的标签数值一致,则不必修改,单击"取消"按钮跳过此步,直接进入步骤 8)。

6)如果修改了偏移参数,在弹出的对话框中单击"是",重新启动系统,否则偏移参数更改无效,如图 2-210 所示。

图 2-210 重启系统

7）重新单击主菜单中的"校准"，选择"ROB_1校准"，如图2-211所示。

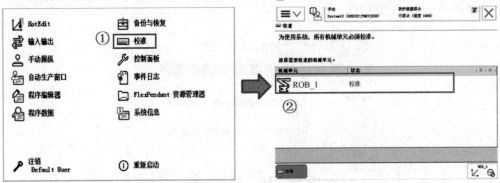

图2-211 重新选择校准的机械单元

8）选择左列的"转数计数器"，单击"更新转数计数器"，如图2-212所示。并在弹出的对话框中选择"是"，以便确定更新操作。

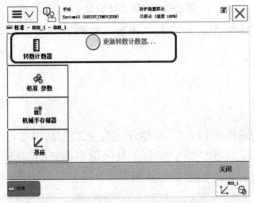

图2-212 选择"更新转数计数器"

9）如图2-213所示，单击更新转数计数器界面下方的"全选"可对6个关节轴同时进行更新操作。或者如果机器人由于安装位置关系，无法6个轴同时到达机械原点，则可以逐一对已回到机械原点刻度位置的关节轴进行转数计数器更新，如图2-214所示。

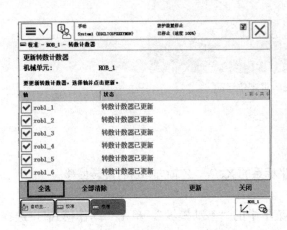 

图2-213 选择全部轴一起更新　　　　　　　图2-214 选择部分轴进行更新

10）单击更新转数计数器界面下方的"更新"，在弹出的对话框中单击"更新"，如图 2-215 所示，开始更新操作。

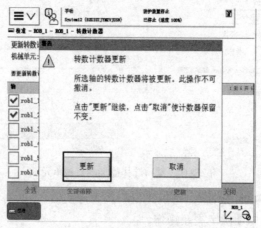

图 2-215　转数计数器更新

11）等待系统完成更新工作后，显示"转数计数器更新已成功完成"，单击"确定"，完成转数计数器更新。

2.4.2　重定位运动

1. 重定位运动概述

机器人的重定位运动是指机器人第 6 轴法兰盘上的工具中心点（TCP）在基坐标系中的坐标值不改变的情况下，工具在空间中绕着工具坐标系旋转的运动，也可理解为机器人绕着工具中心点做姿态调整的运动，如图 2-216 所示。

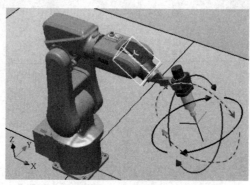

图 2-216　重定位运动

重定位运动的特点如下。

1）以 TCP 为参照。

2）TCP 位置不变。

3）工具坐标系的 X、Y、Z 轴方向以基坐标系的 X、Y、Z 轴方向进行旋转偏移。

2. 重定位运动控制

1）在手动控制模式下，单击示教器主菜单中的"手动操纵"，单击"动作模式"，选择"重定位"，如图 2-217 所示。

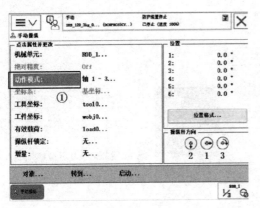
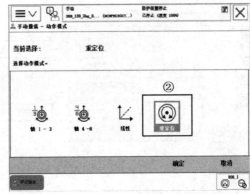

图 2-217 选择动作模式

2)单击"坐标系",选择"工具"后,单击"确定"按钮,如图 2-218 所示。

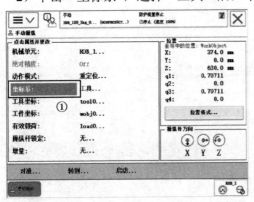
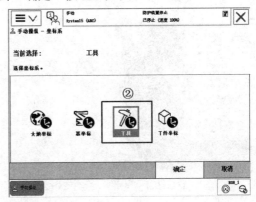

图 2-218 选择坐标系

3)单击"工具坐标",选择要使用的工具坐标(一般为已将 TCP 移动至机器人工具末端的工具坐标)后,单击"确定",如图 2-219 所示。

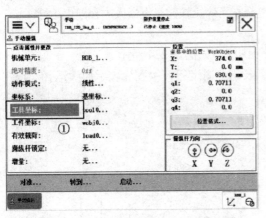
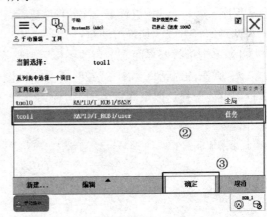

图 2-219 选择工具坐标

4)按下示教器上的使能按键,确定机器人状态栏中显示"电机开启",即可进行重定位运动。

5)在示教器界面右方,显示有机器人位置信息和操纵杆方向信息,如图 2-220 所示。方向信息的具体含义如图 2-221 所示。

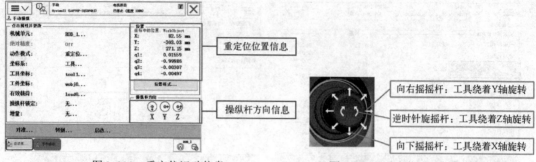

图 2-220　重定位运动信息　　　　图 2-221　重定位运动摇杆的操作方法

3. 重定位运动快捷切换

重定位运动快捷切换按键如图 2-222 所示。单击该按键，右下方图标显示如图 2-223 所示，表明进入重定位运动模式。

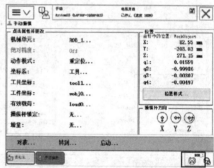

图 2-222　重定位运动快捷键　　　　图 2-223　重定位运动图标

2.4.3　切换单周与连续运行

2-21　单周与连续运行切换方法

机器人的程序运行方式有两种：单周运行和连续运行。单周运行是指程序运行时，只运行一次。连续运行是指程序运行完成后，会从程序的第一行开始进行下一次的程序运行，直至按下停止按钮，机器人才会停止运行。

两种运行方式的切换方法是：

1）单击示教器界面右下角的图标后，选择 图标，如图 2-224 所示。

2）弹出的对话框如图 2-225 所示。 图标表示单周运行， 图标表示连续运行。根据运行需求，选择这两个图标之一。

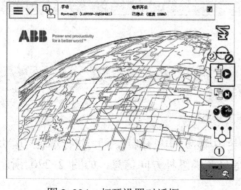
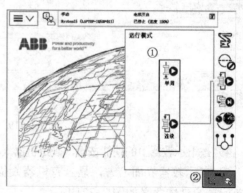

图 2-224　打开设置对话框　　　　图 2-225　选择单周或连续运行

3）设置完成后，再次单击右下角图标将设置对话框关闭。

2.4.4 速度设定

2-22 速度设定方法

1．手动操纵速度设定

可设定机器人手动操纵时的实际速度为机器人默认速度的百分之多少。设定范围为 0～100%，设定的比值越小，实际操纵速度就越慢。具体设置步骤如下。

1）单击示教器界面右下角的图标后，选择 图标，如图 2-226 所示。

2）在弹出的对话框中单击"<<显示详情"，如图 2-227 所示。

图 2-226　打开设置对话框　　　　　图 2-227　单击"<<显示详情"

3）单击 图标和 图标进行手动速度百分比的加和减，直至调节到合适的速度百分比。调节完成后，再次单击右下角图标将速度设置对话框关闭，如图 2-228 所示。

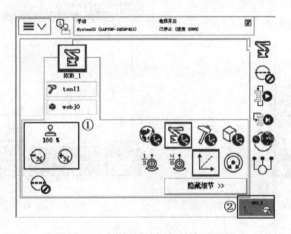

图 2-228　选择手动操纵速度百分比

2．运行速度设定

可设定机器人运行时的实际速度为机器人程序中指定速度的百分之多少。设定范围为 0～100%，设定的比值越小，实际运行速度就越慢。具体设置步骤如下。

1）单击示教器界面右下角的图标后，选择 图标，如图 2-229 所示。

2）在弹出的对话框中，出现如图 2-230 所示的 0%、25%、50%、100%的百分比值，以及增量加减 1%，加减 5%等调节图标，可根据实际需求手动进行百分比设置。

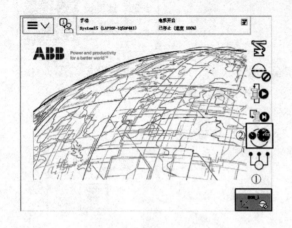

图 2-229　打开设置对话框

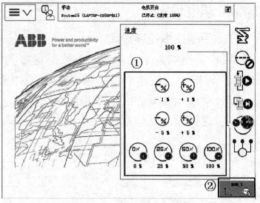

图 2-230　选择运行速度百分比

3）设置完成后，再次单击右下角图标将速度设置对话框关闭。

2.4.5　自动运行机器人

2-23　工业机器人自动运行操作

1）在电控柜上将机器人转到自动模式，如图 2-231 所示。

2）此时示教器上会弹出如图 2-232 所示对话框，单击"确定"。

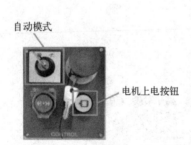

图 2-231　电控柜的模式转换与电机上电按钮

图 2-232　确定转到自动模式

3）按下机器人电控柜上如图 2-231 所示的电机上电按钮，该按钮指示灯亮，电机开启。

4）打开程序编辑器，单击下方的"PP 移至 Main"，如图 2-233 所示。

5）在弹出的提示对话框中单击"是"，如图 2-234 所示。

6）此时自动运行程序将显示在示教器界面中，如图 2-235 所示。单击▶按钮即可实现自动模式下程序的单步运行，即每按此按钮一次，运行一行程序指令。

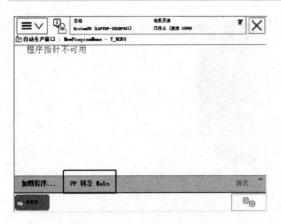
图 2-233　单击"PP 移至 Main"

图 2-234　确定 PP 移至 Main

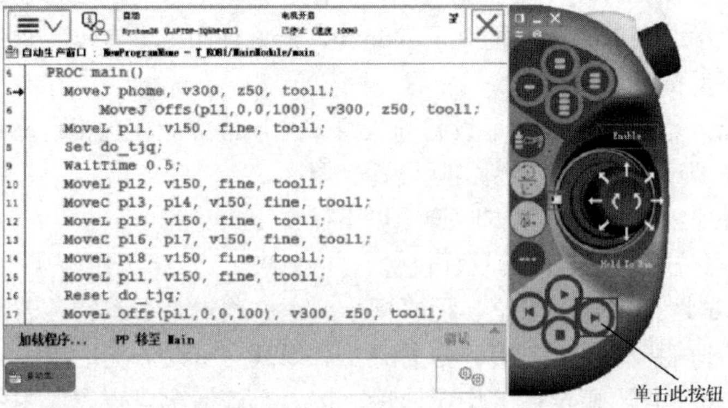

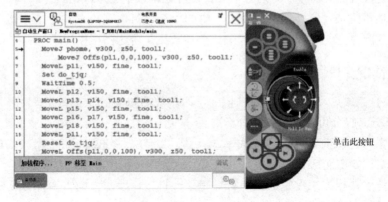

图 2-235　单步自动运行

7) 单击 ⊙ 按钮（如图 2-236 所示）即可实现自动模式下程序的连续运行，即只需按此按钮一次，整个程序逐条完成运行。

图 2-236　连续自动运行

8) 程序运行过程中出现问题需要立即停止时，按下如图 2-237 所示的紧急停止按钮。若程序需要停止运行，按下如图 2-237 所示的停止按钮。

图 2-237 停止运行与急停

2.4.6 程序调试与检查

涂胶轨迹上的点位调试时一定要做到精确，并注意前后点位间的姿态变化。按照要求，涂胶轨迹点位与涂胶板之间的距离不能高于 20mm，最好使用线性运动，保证各个涂胶点位与涂胶板之间的距离保持不变。

在调试涂胶机器人程序时，为保证设备与人身安全，最好先在虚拟仿真系统中进行，待操作熟练并确认程序调试无误后，再到实际设备上调试。

无论虚拟系统还是实际设备，调试时遵循以下操作步骤。

1）将程序中的点位修改到准确的目标位置，并确认。

2）手动单步调试运行。检查点位、程序指令、程序逻辑是否有错。若运行中有错，应立刻松开示教器上的使能按键停止运行，进行查错、修改与错误情况记录。

3）手动单步调试运行两遍及以上均无误后，按"实施情况自查表"中的检查项目逐项检查并记录，看是否合格。

4）手动连续运行机器人程序，检查点位、程序指令、程序逻辑是否有错。若运行中有错，应立刻松开示教器上的使能按键停止运行，进行查错、修改与错误情况记录。

5）自动运行机器人程序。若运行中有错，应立刻按下紧急停止按钮。

6）请其他小组按"实施情况互查表"中的检查项目逐项检查并记录，如不合格，则重新实施任务，直至检查合格为止，并勾选"整体效果是否达到工作要求"中的"是"选项。

2.4.7 工作情况评价

调试与检查完成后，就完成了本情境的学习。教师和学生按"综合评价表"中的评价项目逐项进行打分。打分可参考下列评分标准。

1）课前学习：课前学习任务完成率≥90%记 5 分，≥80%记 4 分，≥70%记 3 分，≥60%记 2 分，≥50%记 1 分。

2）成果评价：根据工作完成度和材料完整性打分，参照技能大赛评分规则，按最终结果打分，每少完成 1 项扣 10%的分值。

3）素质、安全规范、工作态度等为学习全程评价。学习过程中每违反一条，对应项不得分；发生重大安全事故整个工作环节计 0 分。

4）技能测试，定时完成计满分，少完成 1 项扣 1 分。

学习情境3 码垛机器人编程与调试

码垛机器人可以按照要求的编组方式和层数，用最优化的设计使得垛形紧密、整齐。码垛机器人是机、电一体化高新技术产品，可按照要求的编组方式和层数，完成袋装、桶装、箱装、罐装、盒装、瓶装等各种产品的自动码垛，被广泛运用于食品饮料、家具建材、汽车制造等行业。

本学习情境以图3-1所示食品饮料行业中的"食品包装箱自动码垛"为案例，完成食品包装箱机器人的编程与调试工作。自动码垛工作对机器人的灵活性和精确性有较高要求，要求现场编程调试人员有更娴熟的技术技能。只有不断地练习、提高，团结协作，守正创新，才能更好提高工作质量。

图3-1 食品包装箱码垛案例

知识目标

- 掌握工业机器人工件坐标系及有效载荷创建方法。
- 掌握机器人系统信号、模拟信号创建方法。
- 掌握PLC和工业机器人的通信方法。
- 掌握工业机器人循环控制指令运行监控指令、软伺服开关指令格式。
- 掌握工业机器人中断程序和功能程序编制方法。
- 掌握工业机器人常用的调试方法。

技能目标

- 能按需创建与定义工业机器人工件坐标系和有效载荷数据。
- 能合理使用工业机器人系统信号。
- 能熟练使用循环控制指令进行机器人逻辑控制。
- 能熟练运用中断程序和功能程序。

- 能熟练运用程序监控指令、软伺服开关指定等。
- 能完成工业机器人程序的调试和运行。

 素质目标

- 树立正确价值观，执着、守正、创新，提高工作质量。
- 具有家国情怀、责任担当，树立强国信念。

任务 3.1　创建机器人数据

 任务描述

图 3-2 所示的码垛工作站模拟食品包装箱码垛工作过程，码垛机器人将传送带上传递过来的工件经过取料后，采用正反交错的方式，依次将工件码放为 4 层，每层 5 个工件。分析码垛工作站的工作逻辑，绘制码垛机器人工作流程图，并创建该码垛工作站所需要的点位数据、工具数据以及其他逻辑控制使用数据。

码垛技术要求：

1）码垛前机器人处于一个安全位置，当工业机器人收到启动信号后便开始运行。
2）工件经过传送带到达传送带末端后，机器人开始进行抓取工件操作。
3）抓取完成后，在码垛盘已到位且未码满 4 层的前提下，将工件搬运到码垛区域。
4）计算出当前工件的码垛位置坐标后，将工件进行码垛，然后回到安全点。
5）若码满 4 层，通知外部更换码盘。直至新码盘到位后再重新开始码垛。

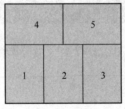

奇数层放置方式

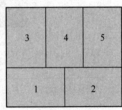

偶数层放置方式

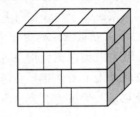

图 3-2　码垛工作站

3.1.1　创建工件坐标系

1. 认识工件坐标系

工件坐标系是工件相对于大地坐标或其他坐标的位置。工业机器人可以拥有若干个工件坐标系，或者表示不同工件，或者表示同一工件在不同位置的若干副本。

机器人的默认工件坐标系 wobj0 的原点及方向与基坐标的方向一致，如图 3-3 所示。

在对工业机器人进行编程时，就是在工件坐标系中创建目标位置和路径的。某些场合下新建工件坐标系，会使程序变得更加简单方便。对于如图 3-4 所示机器人的工作位置，A 坐标系是机器人的大地坐标系，直接在此坐标原点的基础上编程或调试均不方便。为此，可在第一个工件处建立新的工件坐标系 B，在第二个工件处建立新的工件坐标系 C。

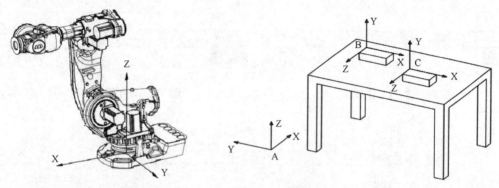

图 3-3 默认工件坐标系　　　　　　　　图 3-4 工件坐标系应用

2. 创建工件坐标系

1）进入 ABB 主菜单，单击"手动操纵"选项，如图 3-5 所示。

2）在手动操纵界面单击"wobj0..."选项，如图 3-6 所示。

3-1 工件坐标系创建与定义

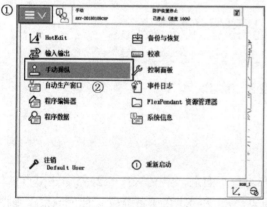

图 3-5 选择手动操纵　　　　　　　　图 3-6 选择"wobj0..."

3）单击"新建..."选项，如图 3-7 所示。

4）设定新建的工件数据名称后单击"确定"，本例直接采用默认名称"wobj1"，单击"确定"，如图 3-8 所示。

5）工件数据新建完成，显示如图 3-9 所示。

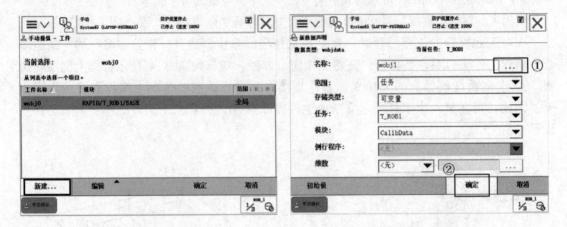

图 3-7 新建工件数据　　　　　　　　图 3-8 设定工件数据名称

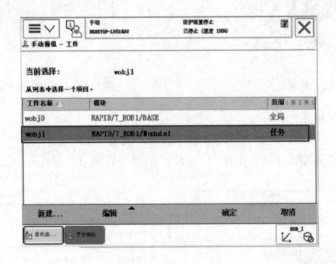

图 3-9 新建的工件数据

3.1.2 定义工件数据

工件坐标系的定义通常采用 3 点法，即在对象平面上，定义 X1、X2、Y1 三个点，如图 3-10 所示。X1 是所定义的工件坐标系的原点，X2 与 X1 的连线定义工件坐标系 X 轴方向，Y1 与 X1 的连线定义工件坐标系的 Y 轴方向。X、Y 轴方向确定以后，Z 轴方向即可通过右手笛卡儿坐标系进行判断。

下面以定义如图 3-11 所示工件坐标系数据为例，讲解定义的具体操作步骤。

1）在工件数据列表中选中新建的"wobj1"，单击"编辑"，然后单击"定义…"，在定义方法中选择"3 点"，如图 3-12 所示。

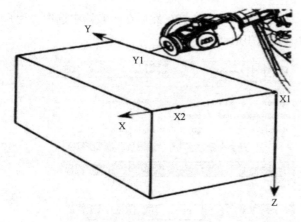
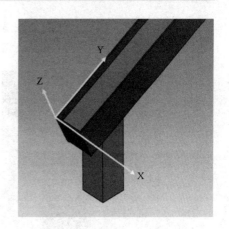

图 3-10 "3 点"位置　　　　　　　图 3-11 需新建的工件坐标系

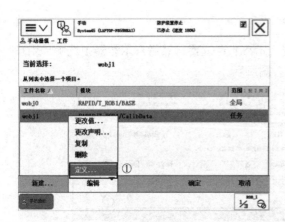
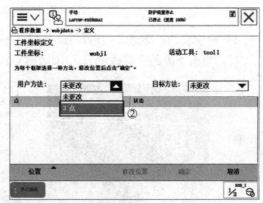

图 3-12　3 点法定义工件数据

2）按下示教器上的使能按键，通过关节运动、线性运动及增量状态配合，操控机器人靠近并接触如图 3-13 左图所示 X1 点位置。然后在示教器中选中"用户点 X1"，单击下方的"修改位置"，把当前位置作为原点，如图 3-13 右图所示。

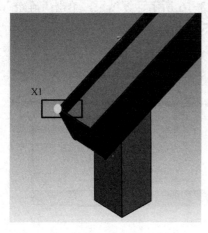
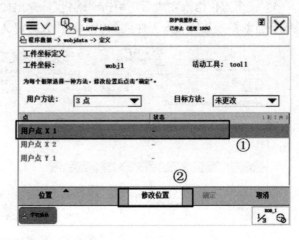

图 3-13　修改点 1 位置

3）操控机器人靠近并接触如图3-14左图所示X2点位置。然后在示教器中选中"用户点X2"，单击下方的"修改位置"，如图3-14右图所示。

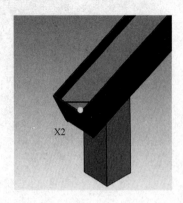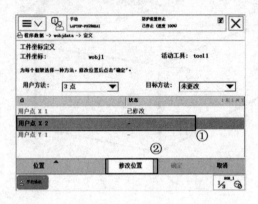

图3-14 修改点2位置

4）操控机器人靠近并接触如图3-15左图所示Y1点位置。然后在示教器中选中"用户点Y1"，单击下方的"修改位置"，如图3-15右图所示。

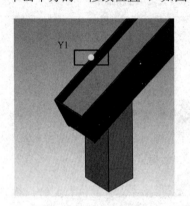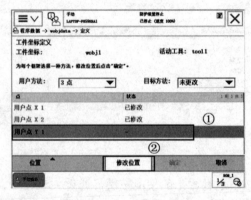

图3-15 修改点3位置

5）三个点位修改完成后，单击"确定"，弹出如图3-16所示计算结果，单击"确定"，系统会自动将参数值填入工件数据中，工件数据定义完成。

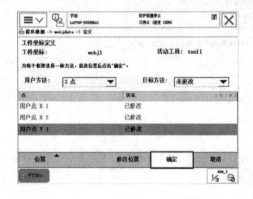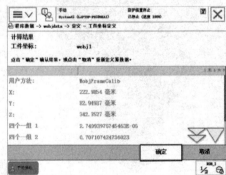

图3-16 工件数据确定

注意：

1）机器人在三个点的姿态最好保持一致，有利于工件坐标的准确度。

2）Y1 和 X1 之间的连线与 X1 和 X2 之间的连线最好保持垂直关系。如果 Y1 和 X1 之间的连线与 X1 和 X2 之间的连线不垂直，机器人系统会以 Y1 点为基准，作 X1 和 X2 连线的垂线，垂线为 Y 轴方向，垂足为坐标原点。

3.1.3 创建与编辑有效载荷

3-2 有效载荷创建与应用

对于码垛机器人，当手爪上夹持的工件较重时，必须告知机器人工件质量和重心等，这就需要使用有效载荷数据 loaddata。这样，工业机器人在运行过程中，就可以根据工件的具体情况进行实时调整。

1. 有效载荷的创建与编辑

有效载荷数据的创建与编辑步骤如下。

1）在"手动操纵"界面中选择"有效载荷"，并单击左下角的"新建..."，如图 3-17 所示。

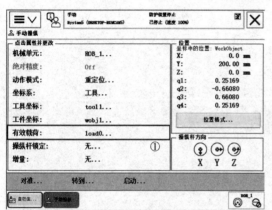 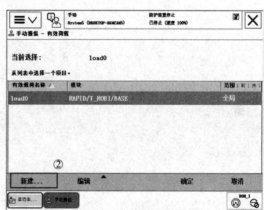

图 3-17 新建有效载荷数据

2）设置有效载荷数据名称后，单击"确定"，如图 3-18 所示。

3）选中新建的有效载荷数据名称，单击"编辑"→"更改值..."，根据实际情况对有效载荷数据进行设定，如图 3-19 所示。

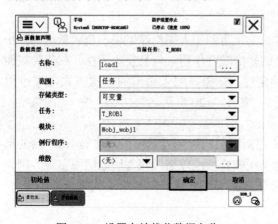 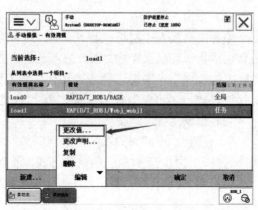

图 3-18 设置有效载荷数据名称 　　　　图 3-19 编辑有效载荷参数

需要修改的参数组主要是 mass、cog 两组，含义见表 3-1。（也可以通过例行程序进行 mass、cog 两组参数的测量，测量方法可参考学习情境 2 中工具数据重心质量的测量方法。）

表 3-1 有效载荷参数表

名　称	参　数	备　注
有效载荷质量	Load.mass	即工件质量，单位：kg
有效载荷重心偏移量	Load.cog.x	工件重心相对 TCP 在 X 方向的偏移量
	Load.cog.y	工件重心相对 TCP 在 Y 方向的偏移量
	Load.cog.z	工件重心相对 TCP 在 Z 方向的偏移量

2. 有效载荷应用

创建完成的有效载荷（如上一步创建的有效载荷 load1），需要在机器人抓取到工件后添加，在工件放下后取消。设定和取消均采用指令 GripLoad，具体应用方式如下。

```
PROC r_pick
    ……
    Set do_tool;           //机器人手爪夹紧工件
    GripLoad  load1;       //添加有效载荷 load1
    ……
    Reset do_tool;         //机器人手爪松开工件
    GripLoad  load0;       //取消有效载荷 load1
    ……
ENDPROC
```

3.1.4 码垛工作原理

1. 码垛方式

码垛有各种不同的垛形，垛形是指物料有规律、整齐、平稳地码放在托盘上的码放样式。通常的垛形有 4 种，分别是重叠式码放、正反交错式码放、纵横交错式码放、旋转交错式码放。

（1）重叠式码放

即各层码放方式相同，上下对应。这种方式的优点是工人操作速度快，包装货物的四个角和边重叠垂直，承载能力大。缺点是各层之间缺少咬合作用，容易发生塌垛。在货物底面积较大的情况下，采用这种方式具有足够的稳定性，如果再配上相应的紧固方式，则不但能保持稳定，还可以发挥装卸操作省力的优点，如图 3-20 所示。

（2）正反交错式码放

同一层种，不同列的以 90°垂直码放，相邻两层的码放形式是另一层旋转 180°后的形式。这种方式类似于建筑上的砌砖方式，不同层间咬合强度较高，相邻层之间不重缝，因而码放后稳定性较高，但操作较为麻烦，且包装体之间不是垂直面相互承受载荷，如图 3-21 所示。

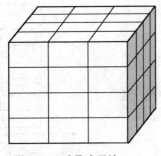
图 3-20 重叠式码放

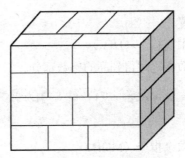
图 3-21 正反交错式码放

（3）纵横交错式码放

相邻两层摆放旋转 90°，一层横向放置，另一层纵向放置。每层间有一定的咬合效果，但咬合强度不高，如图 3-22 所示。

（4）旋转交错式码放

第一层相邻的两个包装体互为 90°，两层间码放又相差 180°，这样相邻两层之间互相咬合交叉，货体的稳定性较高，不易塌垛。其缺点是，码放的难度较大，且中间形成空穴，降低托盘的利用效率，如图 3-23 所示。

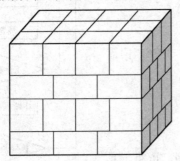
图 3-22 纵横交错式堆放

图 3-23 旋转交错式码放

在本任务中，我们选择正反交错式码垛方式，每一层的码垛数量是 5 个。这种码垛方式奇数层的码垛方式相同，工件放置如图 3-24 所示；偶数层的码垛方式相同，工件放置如图 3-25 所示。

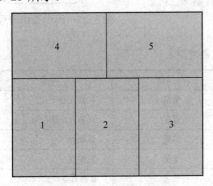
图 3-24 奇数层放置方式

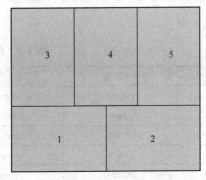
图 3-25 偶数层放置方式

2．码垛的层数和位置

我们可以通过码垛的数量来判断码垛的层数和位置。如以求商、求余指令来确定码垛的层数和位置。

（1）求商指令（DIV）

两个数相除时得到商的整数部分。

> reg1 := 14 DIV 4;　//14 除以 4，商为 3，并赋值给 reg1，即运行后 reg1 值为 3

（2）求余指令（MOD）

两个数相除时得到余数。

> reg2 := 14 MOD 4;　//14 除以 4，余数为 2，并赋值给 reg2，即运行后 reg2 值为 2

这样，我们就可以用码垛工件的数量除以每一层码垛的数量，用 DIV 得到码垛工件的层数，用 MOD 求余得到工件在当前层的码垛位置号。而码垛高度偏移坐标可通过偏移层数与零件的高的积来求得。

3.1.5 码垛机器人工作流程

针对本次码垛工作要求，工作流程图可参考图 3-26，但需要在此基础上进一步细化。

3.1.6 码垛机器人数据

1. 工具和工件数据

为了方便后期的点位数据调试和手爪姿态控制，可将工具中心点（TCP）移动至手爪末端中心位置，并建立 X、Y 轴与码垛平台边缘相互平行的工件坐标。

2. 点位数据

根据图 3-26 所示码垛工作流程图，创建码垛机器人点位见表 3-2。

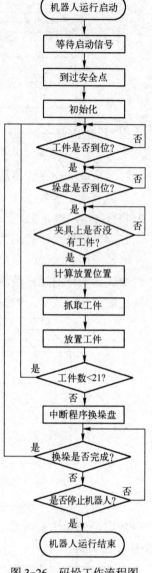

图 3-26　码垛工作流程图

表 3-2　点位数据列表（参考用）

序号	数据名称	数据类型	存储类型	备注
1	pHome	robtarget	常量	机器人安全点
2	jHome	jointtarget	常量	机器人初始位置
3	pPick	robtarget	常量	抓取点
4	pPlace	robtarget	变量	放置点
5	pPlace_0	robtarget	常量	0°放置基准点
6	pPlace_90	robtarget	常量	90°放置基准点

3. 其他数据

为了完成逻辑控制，还需要创建 bool、num 等类型的数据，见表 3-3。

表 3-3 其他数据列表（参考用）

序号	数据名称	数据类型	存储类型	初始值	功能
1	no_place	num	变量	0	工件放置位置
2	no_tier	num	变量	0	码垛层数
3	nCount	num	变量	1	工件个数
4	bReady	bool	变量	False	允许码垛
5	bPalletFull	bool	变量	False	垛盘满
6	bClampWithPart	bool	变量	False	夹具上有工件
7	offset{30,3}	num 数组	变量	先全部设为 0，再根据实际调试情况修改	每个工件位置的偏移量

任务 3.2　创建机器人信号

 任务描述

根据任务 3.1 所绘制的码垛机器人工作流程，分析该码垛工作站中机器人与外部设备之间需要哪些通信信号，绘制出机器人板卡 I/O 信号接线图，在机器人系统中创建这些信号并验证其正确性。

码垛技术要求：同任务 3.1。

3-3　系统信号创建

3.2.1　创建系统信号

将数字输入信号与系统的控制信号关联起来，就可以对系统进行控制（例如电机的开启、程序启动等）。系统的状态信号也可以与数字输出信号关联起来，将系统的状态输出给外围设备，以作控制之用。

如机器人的数字输入信号 diBoxInPos 是通知机器人电机开启的信号，设置系统信号与之关联，即可实现 di1 置为 1 时，执行电机启动动作。该系统信号设置的具体操作步骤如下。

1）单击"控制面板"→"配置"画面，双击"System Input"，如图 3-27 所示。

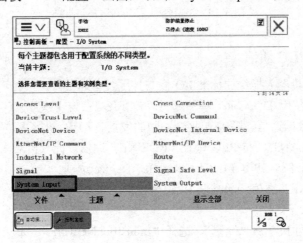

图 3-27　选择创建系统输入信号

2）单击"添加"，在弹出的对话框中选择与 diBoxInPos 信号建立关联，如图 3-28 所示。

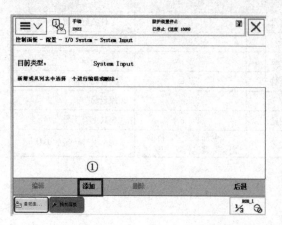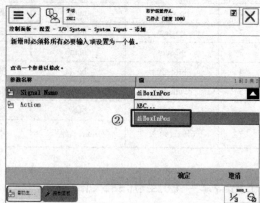

图 3-28　选择和系统关联的信号

3）双击"Action"并选择"Motors On"（电机启动动作），然后单击"确定"，如图 3-29 所示。确认信息后，再次单击"确定"，待重启后完成系统信号设定。

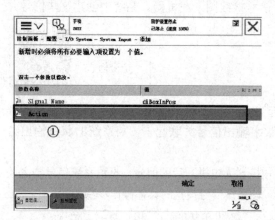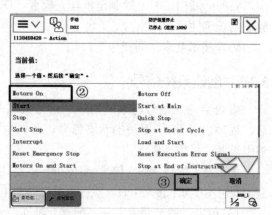

图 3-29　将信号和"Motors On"关联

3.2.2　机器人与 PLC 通信

3-4　机器人与 PLC 通信设置

除了通过 ABB 机器人提供的标准 I/O 板与外围设备通信外，ABB 机器人还可以使用 DSQC667 模块通过 PROFIBUS 与 PLC 进行快捷和大量的数据通信。随着工业以太网的发展，ABB 机器人也可以使用机器人本体上的 WAN 口或者 LAN3 口和 PLC 进行 PROFINET 通信。此时机器人系统需要添加 888-3 PROFINET Device 或 888-2PROFINET Controller/ Device 选项。

如使用 PROFINET 通信，通常以 PLC 为主站，机器人作为从站。在机器人示教器中需要进行的设置步骤如下。

1）单击"控制面板"→"配置"，选择"Industrial Network"，如图 3-30 所示。

2）双击"PROFINET"，如图 3-31 所示。

学习情境3 码垛机器人编程与调试

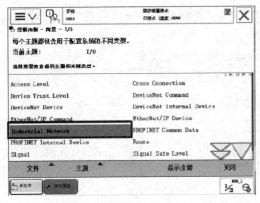

图 3-30 选择"Industrial Network"

图 3-31 选择"PROFINET"

3）在弹出的对话框中，在"PROFINET Station Name"中设置当前机器人工作站的名称（本例为"PN_test"），如图 3-32 所示，注意需要和 PLC 端分配的名称一致。有的 PLC 可以远程直接分配站名，这时只需检查一下站点的名称是否与 PLC 的一致即可。配置完成后单击"确定"，重启系统。

4）系统重启后，单击"控制面板"→"配置"，打开"PROFINET Internal Device"，如图 3-33 所示。

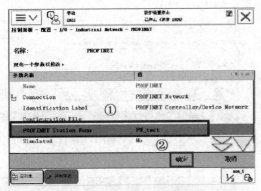

图 3-32 设置机器人工作站名称

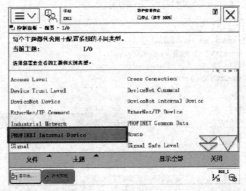

图 3-33 打开"PROFINET Internal Device"

5）双击"PN_Internal_Device"，在弹出的设置界面中，在"Input Size"中设置输入字节数量（单位：B），在"Output Size"中设置输出字节数量，如图 3-34 所示。注意设置数量要与 PLC 中的设置保持一致，最多可通信 256B（1B=8bit）。

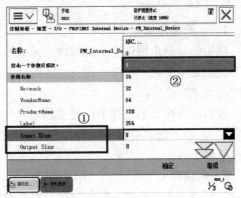

图 3-34 设置通信的字节数量

145

6）设置完成后，单击"确定"退出，并再次单击"控制面板"→"配置"。在界面中单击"主题"，选中"Communication"如图 3-35 所示。

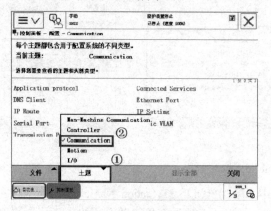

图 3-35　切换主题

7）选中"IP Setting"，如图 3-36 所示。双击"PROFINET Network"，在其中设置机器人的 IP 地址和网关，如图 3-37 所示。注意设置的 IP 与网关应与 PLC 中的设置保持一致，至此机器人通信设置完成。

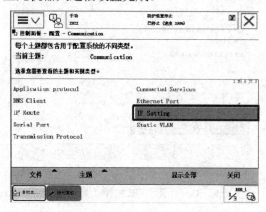

图 3-36　打开 PROFINET Network

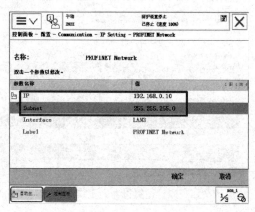

图 3-37　设置 IP 与网关

3.2.3　创建模拟信号

3-5　模拟信号创建操作

1．认识模拟信号

模拟信号是指用连续变化的物理量表示的信息。其信号的幅度（也可以是频率或相位）随时间做连续变化，或在一段连续的时间间隔内，其代表信息的特征量可以在任意瞬间呈现为任意数值的信号。

模拟信号在传输过程中，先把信息信号转换成几乎"一模一样"的波动电信号（因此叫"模拟"），然后通过有线或无线的方式传输出去，电信号被接收下来后，再通过接收设备还原成信息信号。

2．创建模拟信号

以设置一个模拟输入信号为例，主要配置参数见表 3-4。

表 3-4 模拟输入信号参数

参 数 名 称	设 定 值	说 明
Name	Ai1	设定模拟输入信号在系统中的名称,可以以"Ai+序号或信号功能"进行命名
Type of Signal	Analog Input	设定信号类型为模拟输入信号,模拟输出输出信号为 Analog Output
Assigned to Device	board10	设定信号所存在的 I/O 板名称
Device Mapping	0～15 或 16～31	设定信号所占用的地址。每个模拟信号占 16 位,如 0～15 或 16～31

模拟信号具体配置步骤如下。

1) 在手动模式下,进入 ABB 主菜单,选择"控制面板"后单击"配置"选项,如图 3-38 所示。

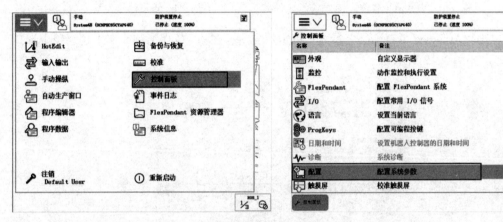

图 3-38 选择"配置"选项

2) 双击"Signal",单击下方的"添加"按钮,如图 3-39 所示。

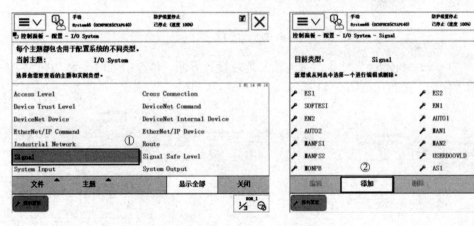

图 3-39 添加信号

3) 进入信号配置界面后,单击"Name"参数,进入信号名称设置界面,修改信号名称为"Ai1"并单击下面的"确定"按钮,如图 3-40 所示。

4) 单击"Type of Signal"参数,设定信号类型,在下拉菜单中选择类型为模拟输入信号"Analog Input",如图 3-41 所示。

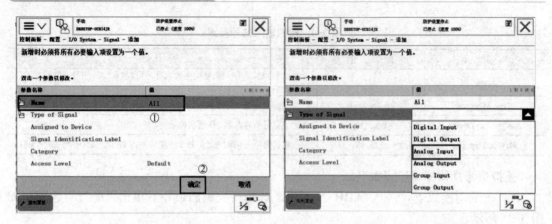

图 3-40　设置信号名称　　　　　　　图 3-41　设置信号类型

5）单击"Assigned to Device"参数，设定信号所存在的 I/O 板名称，在下拉菜单中选择"board10"，如图 3-42 所示。

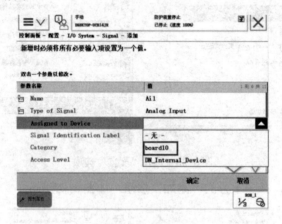

图 3-42　设置信号所在的 I/O 板

6）单击"Device Mapping"参数，进入信号地址设置界面，修改信号地址为"0-15"，并单击下面的"确定"按钮，如图 3-43 所示。

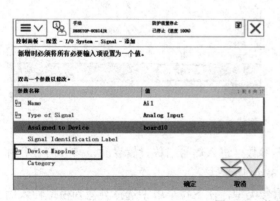

图 3-43　信号地址设置

7）单击"确定"，确认配置的信号参数，如图 3-44 所示。

8）信号配置必须在系统重新启动后才能生效，因此会弹出是否重启的对话框。如果不再配置信号单击"是"，重新启动系统，如图 3-45 所示；如果还要进行信号配置，可以在信号配置完成后再重新启动，单击"否"，暂时不重启。

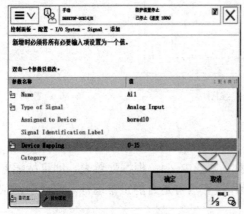

图 3-44　信号确认

图 3-45　选择是否重启

3.2.4　码垛机器人信号接线图

这里采用的是 ABB IRB 4600 机器人，其标准 I/O 板 DSQC652 的 X5 端子设置硬件地址为 10。需要的数字输入信号包括启动信号、垛盘到位信号、工件到位信号、夹具已夹紧信号；需要的数字输出信号包括夹具控制信号、码垛满信号。

根据上述内容，绘制出标准 I/O 板输入端子 X3 的接线图如图 3-46 所示，接口 1 为启动信号，连接启动按钮；接口 2、3、4 与机器人连接。输出端子 X1 的接线图如图 3-47 所示，接口 1 通过电磁阀控制夹具的夹紧与松开；接口 2 输出码垛完成信号，提示需要进行垛盘的更换。

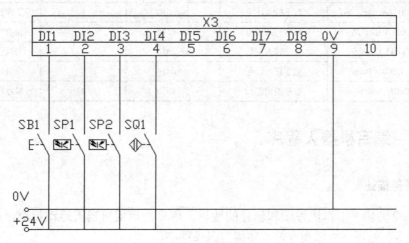

图 3-46　X3 端子接线图

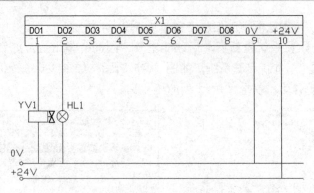

图 3-47 X1 端子接线图

3.2.5 码垛机器人信号配置

列出板卡配置表（见表 3-5），列出信号配置表（见表 3-6）。根据配置表，即可按配置步骤完成 I/O 板与信号的配置，并利用信号仿真操作检查信号是否能正常运行。为后期调试方便，可将输出信号配置成可编程快捷按键。

表 3-5 板卡配置列表示例

I/O 板配置信息（参考用）							
序号	板卡类型	板卡名称	地址	板卡所提供信号个数（单位：个）			
				数字输入	数字输出	模拟输入	模拟输出
1	DSQC652	board10	10	16	16	0	0

表 3-6 信号配置列表示例

信号配置信息（参考用）				
序号	信号名称	信号类型	所属板卡	地址	备注
1	Di00_star	数字输入信号	board10	0	运行启动信号
2	Di01_boxinposition	数字输入信号	board10	1	工件到位
3	Di02_PalletInPos	数字输入信号	board10	2	垛盘到位
4	Di03_ClampF	数字输入信号	board10	3	夹具已经夹紧
5	Do00_Clamp	数字输出信号	board10	0	夹具控制
6	Do01_Stompfull	数字输出信号	board10	1	垛盘已满

任务 3.3 编写机器人程序

 任务描述

根据码垛机器人工作流程图和创建的数据、信号，运用机器人运动指令、循环控制指令、选择指令、数组、中断指令等完整编写码垛程序。

码垛技术要求：同任务 3.1。

编写程序要求：

1)逻辑合理,思维清晰。
2)运用求商、求余方法计算码垛位置。
3)运用数组方法实现每个工件位置的微调。
4)运用中断程序实现换垛盘和工业机器人的连续运转。

3-6 绝对位置运动指令

3.3.1 绝对位置运动指令

【功能】绝对位置运动指令(MoveAbsJ)是将机器人各关节轴运动至给定位置。

【特点】机器人的运动通过 6 个轴和外轴的角度值来定义目标位置数据。运动时机器人运动姿态不可控,常用于机器人恢复为某一姿态时使用。

【格式】绝对位置运动指令的格式如图 3-48 所示,各数据说明见表 3-7。

图 3-48 绝对位置运动指令的格式

表 3-7 绝对位置运动指令各数据说明

数 据	定 义
目标位置	定义目标位置各关节轴及外轴的角度值,数据类型为 jointtarget
运动速度	定义速度(mm/s),在手动状态下,所有运动速度被限速在 250mm/s
转弯数据	定义转弯半径大小(mm),如果转弯半径设置为 "fine",表示机器人 TCP 达到目标点,在目标点速度降为零
工具坐标	定义当前指令使用的工具坐标
工件坐标	定义当前指令使用的工件坐标,如果使用 wobj0,该数据可省略不写

【应用】 利用绝对位置运动指令,将机器人准确移动到第 1 关节轴角度为 0°,第 2 关节轴角度为-30°,第 3 关节轴角度为 30°,第 4 关节轴角度为 0°,第 5 关节轴角度为 90°,第 6 关节轴角度为 0°的位置。具体操作如下。

1)单击主菜单中的"程序数据",单击右下角的"视图",选择显示"全部数据类型",如图 3-49 所示。

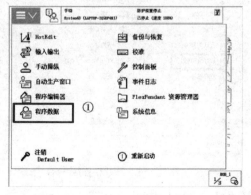

图 3-49 显示所有数据类型

2)双击"jointtarget"程序数据类型后,在操作界面中单击"新建"按钮,如图 3-50 所示。

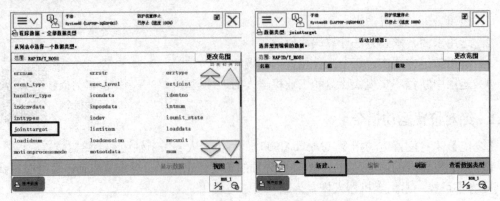

图 3-50　新建 jointtarget 程序数据

3）如图 3-51 所示设置各选项后，单击"确定"按钮。

4）单击下方的"编辑"，在上拉对话框中选择"更改值"选项，如图 3-52 所示。

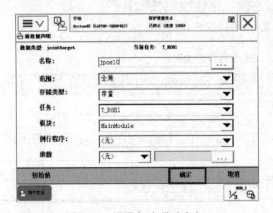 

图 3-51　设置各选项后确定　　　　　　　　图 3-52　选择"更改值"

5）按照如图 3-53 所示的数据来设置 6 个关节轴的参数值，并单击"确定"按钮。

6）单击主菜单中的"程序编辑器"，进入程序编辑界面，如图 3-54 所示。

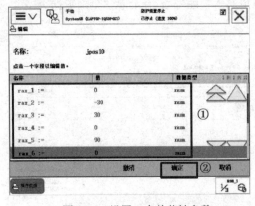 

图 3-53　设置 6 个关节轴参数　　　　　　　　图 3-54　打开程序编辑器

7）在程序界面中，单击"添加指令"，选择"MoveAbsJ"指令，如图 3-55 所示。

8）单击新添加的 MoveAbsJ 指令行，进行数据修改，如图 3-56 所示。

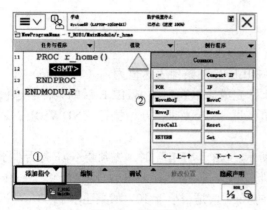

图 3-55 添加指令　　　　　　　　　　图 3-56 单击指令行

9) 在列出的指令变量中，单击第一行的目标位置变量，将该变量值选择为"jpos10"，如图 3-57 所示。

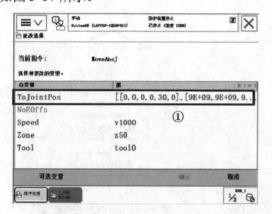 

图 3-57 修改目标位置变量

10) 按照如图 3-58 所示的数据来修改其他三个变量值，单击"确定"。

11) 运行程序中如图 3-59 所示指令，即可将机器人准确移动到第 1 关节轴角度为 0°，第 2 关节轴角度为-30°，第 3 关节轴角度为 30°，第 4 关节轴角度为 0°，第 5 关节轴角度为 90°，第 6 关节轴角度为 0°的位置。

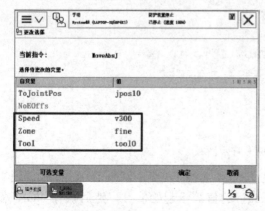 

图 3-58 修改其他三个变量　　　　　　图 3-59 运行指令

3.3.2 循环指令

1. WHILE 循环

【作用】常用的一种基本循环模式。当 WHILE 后的条件表达值为真（即 True）时，执行 DO 和 ENDWHILE 之间的语句，并在执行完成后重新判断 WHILE 后的条件表达值是否为真。当 WHILE 后的条件表达值不为真（即 False）时，开始执行 ENDWHILE 之后的语句。

【格式】WHILE 指令格式示例如图 3-60 所示。执行 WHILE 时，先判断 reg1 是否小于 10。如果当前 reg1 值小于 10，则条件为真（即 True），执行"reg2:=reg2+reg1;"和"reg1:=reg1+1;"这两条语句，并在执行后重新判断当前 reg1 值是否小于 10。如果还小于 10，再次执行"reg2:=reg2+reg1;"和"reg1:=reg1+1;"这两条语句，再次判断当前 reg1 值是否小于 10。直到 reg1 值大于等于 10 后，才开始执行 ENDWHILE 之后的语句。具体流程如图 3-61 所示。

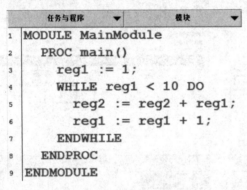
图 3-60 WHILE 程序示例

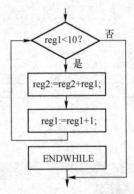
图 3-61 WHILE 程序流程

2. FOR 循环

【作用】根据指定的次数，重复执行对应程序。适用于一条或多条语句需要重复执行数次的情况。

【格式】FOR 指令格式示例如图 3-62 所示。

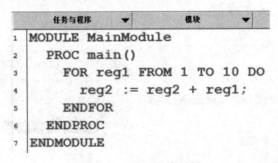
图 3-62 FOR 程序示例

本例中，FOR 之后的变量 reg1 的起始值为 FROM 后的 1，终止值为 TO 后的 10。程序指针执行 FOR 指令，第一次运行时，变量 reg1 的值等于起始值 1，然后执行 FOR 和 ENDFOR 之间的语句"reg2:=reg2+reg1;"。执行完后，变量 reg1 的值自动加上步长（默认为

1,即 reg1 的值变为 2),然后再执行 FOR 和 ENDFOR 之间的语句"reg2:=reg2+reg1;"。第二次执行完后,reg1 的值变为 3,开始第三次执行。以此反复,直至 reg1 的值变为 11,已大于终止值 10,就不再执行 FOR 和 ENDFOR 之间的语句,直接跳转执行 ENDFOR 之后的语句。具体流程如图 3-63 所示。

注意:FOR 指令后面的步长默认为 1,即未写明步长时变量值每次加 1。当步长不为 1 时,可在指令后面添加 STEP 来指明步长。如图 3-64 所示示例,每次执行完后,变量 reg1 的值加 2。

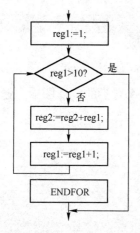

图 3-63　FOR 程序流程

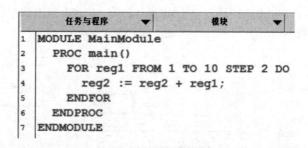

图 3-64　STEP 使用示例

3.3.3 数组

在程序设计中,为了处理方便,把具有相同类型的若干数据项按有序的形式组织起来。这些按序排列的同类型数据元素的集合称为数组。组成数组的各个数据分项称为数组元素,有时也称为下标变量。数组分为一维、二维、三维和多维数组等,常用的是一维、二维数组。

1. 一维数组

当数组中的元素都只带一个下标时,称这样的数组为一维数组。

【实例】

```
VAR num num1{3}:={5,7,9}     //定义数值型一维数组,它有三个元素,初始值分别是 5、7、9
    reg1:=num1{2}             //将该一维数组中第二个元素的值赋给 reg1,执行后 reg1 的值为 7
```

【注意】与 C 语言不同,在 ABB 机器人中,数组第一个元素的编号为 1 而不是 0,即第一个为 num1{1},而非 num1{0}。所以上面实例中,num1{1}的值为 5,而非 7。

【应用】以上述实例中的一维数组为例,讲解在 ABB 机器人中定义一维数组的操作步骤如下。

1)单击主菜单中的"程序数据",如图 3-65 所示。

2)在数据类型界面中,选择并双击"num"(若界面中未显示"num",则打开"全部数据类型",找到并双击"num"),如图 3-66 所示。

图 3-65 选择"程序数据"

图 3-66 选择"num"

3)单击"添加",进入如图 3-67 所示数据添加界面,单击名称后的 ⋯ 图标,更改一维数组名称为"num1",单击"确定"。

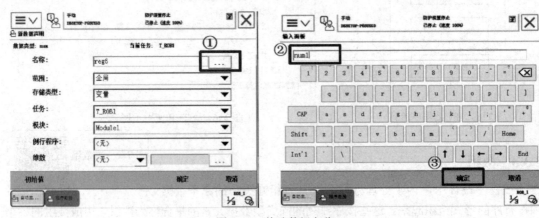
图 3-67 修改数组名称

4)单击维数后的 ▼ 图标,选择所要创建的数组维数"1",如图 3-68 所示。
5)再单击维数后的 ⋯ 图标,输入需要创建的数组大小(元素的个数)"3",如图 3-69 所示。

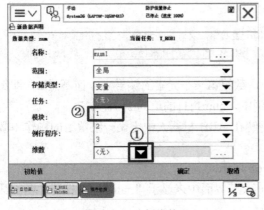
图 3-68 选择维数

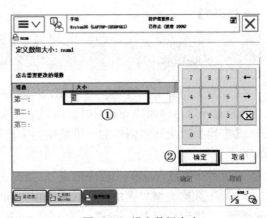
图 3-69 设定数组大小

6）单击"确定"后，数组创建完成，如图 3-70 所示。单击所创建的数组，修改各元素中的初始数值。

7）选择第一个元素，单击后修改数值为 5，如图 3-71 所示。

图 3-70　单击数组

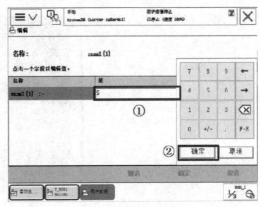

图 3-71　设定初始值

8）依次单击第二、三个元素，分别修改数值为 7、9，结果如图 3-72 所示。

9）单击"关闭"，如图 3-73 所示。该一维数组初始值修改完成。

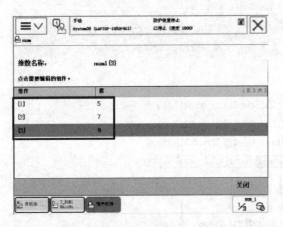

图 3-72　设定初始值后的结果

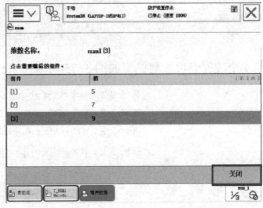

图 3-73　退出初始值设定

2．二维数组

二维数组跟一维数组相似，通常也被称为矩阵。可以将二维数组写成行和列的形式，它能够更有效地帮我们解决问题。

【实例】

```
    VAR num num2{3,4}:=[[1,2,3,4], [5,6,7,8], [9,10,11,12]];   //定义一个 3 行 4 列的数值型二维数组
num2 并赋初始值，数组元素共 12 个
    reg1:=num2{2,3};     //将该二维数组中第二行第三列的元素值赋给 reg1，执行后 reg1 的值为 7
```

【应用】二维数组在程序中的应用举例如下。

如图 3-74 所示，放料盘中有 4 个放置位置，用于放置 4 个工件（每个工件的长和宽都

是200mm）。以第1个放置点位为基准（点位名称 p10），其他3个放置点位可以在此基础上利用偏移得出。

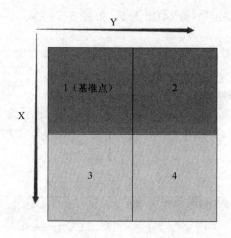

图 3-74　4个工件的放置位置

在程序中定义以下二维数组：

```
    PERS   num   num2{4,3}:=[[0,0,0],          //第1个放置位置的偏移数据：X=0,Y=0,Z=0
                             [0,200,0],         //第2个位置的数据：X=0,Y=200,Z=0
                             [200,0,0],         //第3个位置的数据：X=200,Y=0,Z=0
                             [200,200,0]]       //第4个位置的数据：X=200,Y=200,Z=0
```

则4个放置点位的数据值如图3-75所示。

第1个位置：pick:=Offs(p10, num2{1,1}, num2{1,2}, num2{1,3})
第2个位置：pick:=Offs(p10, num2{2,1}, num2{2,2}, num2{2,3})
第3个位置：pick:=Offs(p10, num2{3,1}, num2{3,2}, num2{3,3})
第4个位置：pick:=Offs(p10, num2{4,1}, num2{4,2}, num2{4,3})

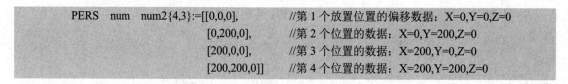

基准点1
第4行第1列数值200
第4行第2列数值200
第4行第3列数值0

图 3-75　4个放置点位的数据值

3.3.4　中断指令

在程序执行过程中，如果发生需要紧急处理的情况，就要中断当前程序的执行，马上跳转到专门的程序中对紧急情况进行相应处理，处理结束后返回至中断的地方继续往下执行程序。专门用来处理紧急情况的程序称作中断程序（Trap Routines，简称 TRAP）。中断功能开启后，只要满足中断条件，系统可立即终止现行程序的执行，直接转入中断程序。

【格式】全局中断程序直接以程序类型 TRAP 起始，用 ENDTRAP 结束，程序结构与格式如下：

```
TRAP 程序名称
    程序指令
    ……
ENDTRAP
```

中断程序的起始行为程序声明，不能定义参数，只需要在 TRAP 后定义程序名称。ENDTRAP 代表中断程序结束。

【指令】中断监控指令包括实现中断连接、使能、禁止、删除、启用、停用中断功能的**控制指令**，以及读入中断数据、出错信息的**监视指令**两类。中断控制指令是实现中断的前提条件，对任何形式的中断均有效，它们通常在主程序或初始化程序中编写，具体指令名称见表 3-8。

表 3-8 常用中断指令

指　　令	说　　明
IDelete	取消中断
CONNECT	连接一个中断到中断程序
ISignalDI	使用一个数字输入信号触发中断
ISignalDO	使用一个数字输出信号触发中断
ISignalGI	使用一个组输入信号触发中断
ISignalGO	使用一个组输出信号触发中断
ISleep	使中断监控失效
IWatch	激活一个中断监控
IDisable	关闭所有中断
IEnable	激活所有中断

【实例】

1）主程序内编写中断指令如下：

```
VAR intnum intno1;              //定义中断数据 intno1
    IDelete intno1;             //取消当前中断符 intno1 的连接，预防误触发
    CONNECT intno1 WITH tTrap;  //将中断数据 intno1 与中断程序 tTrap 连接
    ISignalDI di1,1, intno1;    //定义触发条件，即当数字输入信号 di1 为 1 时，触发该中断程序
```

2）中断程序编写如下：

```
TRAP tTrap
    reg1:=reg1+1;
ENDTRAP
```

用户不需要在程序中对中断程序进行调用。当程序启动运行完定义触发条件的指令一次后，系统进入中断监控，当数字输入信号 di1 变为 1 时，则机器人立即执行 tTrap 中的程序，运行完成之后，指针返回至触发该中断的程序位置并继续往下执行。

【中断说明】

1）ISleep 指令可使中断监控失效，在失效期间，该中断程序不会被触发。

如：ISleep intno1;

与之对应的指令为 IWatch，用于激活中断监控。

如：IWatch intno1;

注意，系统启动后默认为激活状态，只要中断条件满足，即会触发中断。

2）ISignalDI \Single, di1,1,intno1;

若在 ISignalDI 后面加上可选参变量\Single，则该中断只会在 di1 信号第一次置 1 时触发相应的中断程序，后续则不再继续触发。

【中断实例】现以记录传感器信号由 0 转为 1 的次数为例，讲解中断应用的具体方法。

1．创建中断程序

具体操作如下：

1）单击"程序编辑器"，进入程序编辑界面后，单击"例行程序"，如图 3-76 所示。

3-8 中断程序应用

2）单击"文件"，再单击"新建例行程序"，如图 3-77 所示。

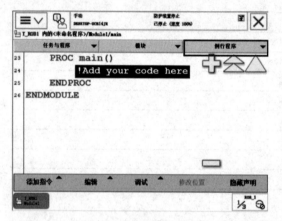

图 3-76 单击"例行程序"

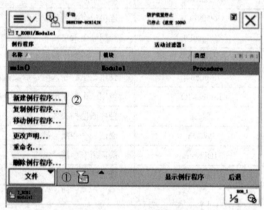

图 3-77 新建例行程序

3）修改例行程序名称为"rTrap"，程序类型选择"中断"，如图 3-78 所示。

4）双击程序"rTrap"，进入该中断程序的编辑界面，添加如图 3-79 所示的指令。

图 3-78 设置中断程序

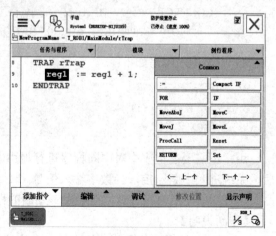

图 3-79 编写中断程序

2. 创建初始化程序并建立中断连接

新建一个中断数据 intnol 后，进行以下操作。

1）新建一个用于初始化的程序"rInitAll（）"，程序类型为"程序"。如图 3-80 所示。

2）双击打开程序"rInitAll（）"，单击"添加指令"，在列表中选择"IDelete"，如图 3-81 所示。

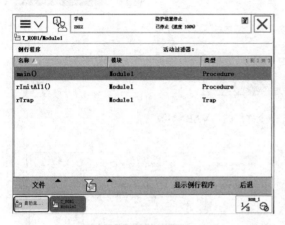

图 3-80 新建初始化程序

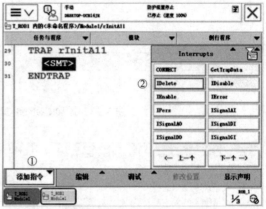

图 3-81 添加 IDelete 指令

3）选择"intnol"，然后单击"确定"，如图 3-82 所示。

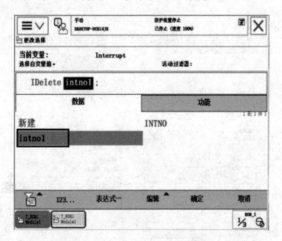

图 3-82 设置 IDelete 指令参数

4）再在下方插入"CONNECT"指令，双击指令行中的"<VAR>"参数后选择"intnol"，如图 3-83 所示。

5）再双击指令行中的"<ID>"参数进行设定，选择所需连接的中断程序"rTrap"，如图 3-84 所示。

6）添加指令"ISignalDI"，并选择中断触发信号"d652_in_signal_01"，如图 3-85 所示。

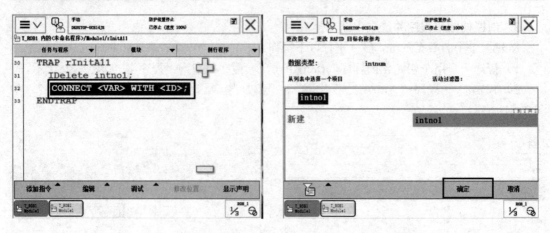

图 3-83　添加 CONNECT 指令并修改 <VAR>参数

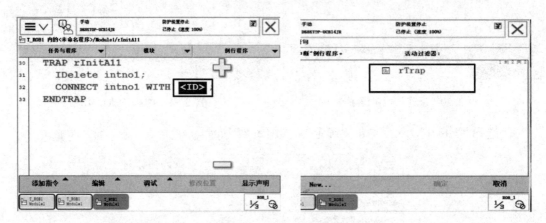

图 3-84　修改 <ID>参数

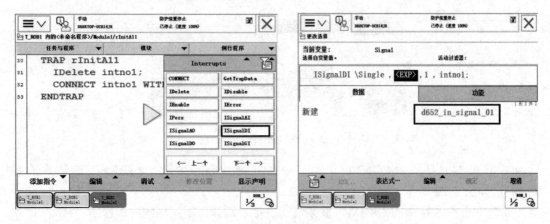

图 3-85　添加并修改 ISignalDI 指令

3.3.5　功能程序

功能程序（Functions，简称 FUNC）又称有返回值程序，是一种具有运算、比较等功能，能向调用该程序的模块和程序返回执行结果的参数化编程模块。调用功能程序时，不仅需要指定程序名称，而且必须有程序参数。

【格式】全局功能程序直接以程序类型 FUNC 起始，以 ENDFUNC 结束，程序结构与格式如下。

```
FUNC 返回数据类型 功能程序名称（传递的程序数据定义）
    程序指令
    ……
    RETURN 返回数据名称
ENDFUNC
```

功能程序的起始行作为程序声明。全局功能程序直接以程序类型 FUNC 起始，后面依次接返回结果的数据类型和功能程序的名称，名称后的括号内注明了与调用程序之间进行传递的程序数据的类型及名称。

在功能程序中，可通过各程序指令编写控制程序，其中必须包含返回执行结果的指令 RETURN，以指明结果通过哪个程序将数据进行返回。功能程序最后用 ENDFUNC 指令结束。

【实例】

(1) 主程序中调用功能程序的指令

```
PROC main()
    ……
    p0:=pStart(Count1);    //调用 pStart 功能程序，将本程序中 Count1 的值传递给功能程序，并将返回结果（功能程序中 pTarget 的值）赋值给 p0
    ……
ENDPROC
```

(2) 调用的功能程序

```
FUNC robtarget pStart(num nCount)    //功能程序 pStart 声明，返回值类型为 robtarget、num 类型（数值类型）的程序数据 nCount，其值等于 Count1
    VAR robtarget pTarget;           //定义点位程序数据 pTarget
    TEST nCount                      //利用 TEST 指令确定 pTarget 值
    CASE1:
      pTarget:=Offs(p0, 200, 200, 500);
    CASE2:
      pTarget:=Offs(p0, 400, 200, 500);
    ……
    ENDTEST
    RETURN pTarget;                  //将 pTarget 的值返回给主程序
ENDFUNC
```

注意：

1) 以上一实例为例，主程序中的 Count1 要与功能程序中的 nCount 传递数值，程序类型必须一致。

2）以上一实例为例，功能程序第一行声明了返回值类型为 robtarget。因此，主程序中接收功能程序返回值的 p0，以及功能程序中用于返回值的 pTarget，数据类型都必须是 robtarget。

3.3.6 码垛机器人程序

为了使码垛控制程序逻辑清晰，便于调试运行，采用主程序调用例行程序的方法进行编写。主程序负责码垛工作流程的逻辑控制。各例行程序则负责完成各项工作任务。例行程序分配可参考表 3-9。

表 3-9 例行程序列表

程序名	功能	程序名	功能
main	主程序	rPick	码垛抓取程序
rInitALL	初始化程序	rPlace	码垛放置程序
tEjectPallet	中断程序	rCycleCheck	允许码垛检查程序
rCalPosition	位置计算程序		

1. 主程序

依据任务 3.1 的工作流程，主程序可使用"WHILE TRUE DO…ENDWHILE"循环结构，将码垛程序和初始化程序进行隔离，保证初始化程序只被执行 1 次，编写码垛机器人主程序见表 3-10。

表 3-10 主程序实例

程序列表（参考用）	
程序	注释
PROC main()	主程序
rInitALL;	调用初始化程序
WHILE TRUE DO	使用循环将初始化程序和其他程序隔开
rPick;	调用抓取工件程序
rCycleCheck;	调用允许码垛检查程序
IF bReady THEN	如果前提条件准备好了，就开始抓取码垛，否则将等待
rCalPosition;	调用位置计算程序
rPlace;	调用放置程序
ENDIF	结束判断条件
WaitTime 0.5;	等待时间 0.5s
ENDWHILE	结束循环
ENDPROC	主程序结束

2. 初始化程序

初始化程序用于将机器人恢复到工作前的初始化状态，包括回到安全点、关闭夹具、复位码垛工作站相关初始信号等，初始化程序见表 3-11。

表 3-11 初始化程序实例

程序列表（参考用）	
程序	注释
PROC rInitALL()	初始化程序
MoveAbsJ jHome\NoEOffs, v300, z5, tGripper;	将机器人移动到初始化位置
nCount:=1;	将工件计数变量赋值为 1
no_place:=0;	将每层的位置变量数变量赋值为 0
no_tier:=0;	将层数变量赋值为 0
bPalletFull:=FALSE;	将满盘信号赋值为 FALSE
bClampWithPart:=FALSE;	将夹具上是否有工件信号赋值为 FALSE
Reset Do00_clamp;	复位夹具夹紧信号
IDelete iPallet;	删除换盘中断程序
CONNECT iPallet WITH tEjectPallet;	将换盘中断程序和 iPallet 变量连接
ISignalDI Di02_PalletInPos ,0,iPallet;	当 Di02_PalletInPos 信号为 0 时触发中断
ENDPROC	结束初始化程序

3．中断程序

垛盘码满 20 个工件后，工业机器人将会输出垛盘码满信号并暂停码垛，当取走垛盘后将会调用中断程序复位满垛信号和计数器，换垛盘后等待 5s 继续码垛，中断程序见表 3-12。

表 3-12 中断程序实例

程序列表（参考用）	
程序	注释
TRAP tEjectPallet	中断程序
bPalletFull:=FALSE;	将满盘信号置为 FALSE
Reset Do01_Stompfull;	复位盘已满的输出信号
nCount:=1;	将计数重新复位为 1
WaitDI Di02_PalletInPos,1;	等待换垛盘完成后继续执行程序
WaitTime 5;	等待 5s
ENDTRAP	结束中断程序

4．位置计算程序

当满足前提条件允许码垛时，将会调用位置计算程序进行码垛位置坐标计算。码垛位置计算方法可参考 3.1.4 节，由此编写出的位置计算程序见表 3-13。

表 3-13 位置计算程序实例

程序列表（参考用）	
程序	注释
PROC rCalPosition( )	位置计算程序

（续）

程序列表（参考用）	
程序	注释
no_tier:=(nCount-1) DIV 5;	用码垛工件个数和每层个数求商得到层数
no_place:=(nCount-1) MOD 5;	用码垛工件个数和每层个数求余得到每层码垛位置
TEST no_tier	根据层数的值选择不同的位置计算程序
CASE 0,2:	1、3、5层的位置计算程序
TPWrite " Current palletizing odd number layer!";	在屏幕上显示当前正在奇数层码垛
TEST no_place	根据奇数层码垛位置的值选择不同的位置计算程序
CASE 0,1,2:	计算奇数层1、2、3号位置的坐标
pPlace:=pPlace_0;	将0°基准位置值赋值给放置点
pPlace.trans.x:=pPlace_0.trans.x+no_place*200;	根据放置位置号数对X坐标值进行偏移
CASE 3,4:	计算奇数层4、5号位置的坐标
pPlace:=pPlace_90;	将90°基准位置值赋值给放置点
pPlace.trans.x:=pPlace_90.trans.x+(no_place-3)*300;	根据放置位置号数对X坐标值进行偏移
DEFAULT:	位置值不在0~4范围内时
TPWrite " Palletizing position error!";	屏幕输出码垛位置错误提示
ENDTEST	结束奇数层码垛位置计算程序
CASE 1,3:	2、4、6层的位置计算程序
TPWrite " Current palletizing even number layer!";	在屏幕上显示当前正在偶数层码垛
TEST no_place	根据偶数层码垛位置的值选择不同的位置计算程序
CASE 0,1:	计算偶数层1、2号位置的坐标
pPlace:=pPlace_90;	将90°基准位置值赋值给放置点
pPlace.trans.y:=pPlace_90.trans.y+300;	根据放置位置号数对Y坐标值进行偏移
pPlace.trans.x:=pPlace_90.trans.x+no_place*300;	根据放置位置号数对X坐标值进行偏移
CASE 2,3,4:	计算偶数层3、4、5号位置的坐标
pPlace:=pPlace_0;	将0°基准位置值赋值给放置点
pPlace.trans.y:=pPlace_0.trans.y-200;	根据放置位置号数对Y坐标值进行偏移
pPlace.trans.x:=pPlace_0.trans.x+(no_place-2)*200;	根据放置位置号数对X坐标值进行偏移
DEFAULT:	位置值不在0~4范围内时
TPWrite " Palletizing position error!";	屏幕输出码垛位置错误提示
ENDTEST	结束偶数层码垛位置计算程序
ENDTEST	结束X、Y位置计算程序
pPlace.trans.z:=pPlace.trans.z+200*no_tier;	根据放置层数对Z坐标值进行偏移
pPlace:=Offs(pPlace,offset{nCount,1},offset{nCount,2},offset{nCount,3});	将每个工件的微调坐标值偏移给放置位置坐标
ENDPROC	结束工件位置计算程序

5．码垛抓取程序

码垛抓取程序和情境1中的结构完全一致，只是路径有所不同，抓取程序见表3-14。

表 3-14 抓取程序实例

程序列表（参考用）	
程序	注释
PROC rPick()	抓取程序
MoveJ Offs(pPick,0,0,20),v3000,z20,tGripper;	关节运动到抓取点正上方20mm处，速度3000mm/s，转弯半径20mm
MoveL pPick,v100,fine,tGripper;	线性运动到抓取点，速度100mm/s，准确到达
Set Do00_clamp;	手爪夹紧
WaitDi Di03_ClampF,1;	等待夹具夹紧
bClampWithPart:=TRUE;	置位夹具有零件信号
MoveL Offs(pPick,0,0,20),v100,z20,tGripper;	线性运动回到抓取点正上方 20mm 处，速度 100mm/s, 转弯半径 20mm
MoveJ pHome,v3000,z20,tGripper;	关节运动到安全点，速度 3000mm/s，转弯半径 20mm
ENDPROC	结束抓取程序

6. 码垛放置程序

码垛放置程序和情境 1 中的结构完全一致，只是路径有所不同，码垛放置程序见表 3-15。

表 3-15 码垛放置程序实例

程序列表（参考用）	
程序	注释
PROC rPlace ()	放置程序
MoveJ Offs(pPlace,0,0,20),v3000,z20,tGripper;	关节运动到放置点正上方 20mm 处，速度 3000mm/s，转弯半径 20mm
MoveL pPlace,v500,fine,tGripper;	线性运动到放置点，速度 500mm/s，准确到达
Reset Do00_clamp;	手爪松开
WaitTime 0.5;	延时 0.5s
bClampWithPart:=FALSE;	复位夹具有零件信号
MoveL Offs(pPlace,0,0,20),v100,z20,tGripper;	线性运动回到抓取点正上方 20mm 处，速度 100mm/s, 转弯半径 20mm
MoveJ pHome,v3000,z20,tGripper;	关节运动到安全点，速度 3000mm/s，转弯半径 20mm
Incr nCount;	工件计数器+1
IF nCount<21 THEN	选择语句判断工件的个数
bPalletFull:=FALSE;	如果<21，满盘信号为 FALSE
Set Do01_Stompfull;	置位垛盘已满信号，提示换垛盘
ELSE	否则
bPalletFull:=TRUE;	满盘信号为 TRUE
ENDIF	结束判断语句
ENDPROC	结束放置程序

7. 允许码垛检查程序

允许码垛检查程序主要是用来检查码垛的前提条件是否满足，如夹具上是否有工件、垛盘是否到位等，允许码垛检查程序见表 3-16。

表 3-16 允许码垛检查程序

程序列表（参考用）	
程序	注释
PROC rCycleCheck()	允许码垛检查程序
TPErase;	清屏
TPWrite"The Robot is running!";	屏幕输出机器人开始运行
TPWrite"The number of the Boxes in the pallet is:"\ num:=nCount-1;	屏幕输出当前完成码垛的工件个数
IF bPalletFull=FALSE AND ClampWithPart=FALSE AND Di02_PalletInPos=1 THEN	判断满盘信号、夹具是否有工件和垛盘是否到位的逻辑和结果是否为 1
bReady:=TRUE;	逻辑结果为 1 时，允许码垛信号为 TRUE
ELSE	否则
bReady:=FALSE;	逻辑结果为 0 时，允许码垛信号为 FALSE
WaitTime 1;	等待时间为 1s
ENDIF	结束判断指令
ENDPROC	结束允许码垛检查程序

任务 3.4　调试机器人程序

任务描述

针对码垛机器人工作站，学习机器人调试与运行的方法，将上一任务编写的机器人程序中所使用的点位修改到准确的目标位置。然后在机器人手动状态下，先利用单步运行的方式运行机器人程序，检查其是否能实现码垛功能。反复检查无误后，再自动运行机器人程序实现最终的码垛功能。

码垛技术要求：1）码垛前机器人处于一个安全位置，当工业机器人收到启动信号后开始运行。

2）工件经过传送带到达传送带末端后，机器人开始进行抓取工件操作。

3）抓取完成后，在码垛盘已到位且未码满 4 层的前提下，将工件搬运到码垛区域。

4）计算出当前工件的码垛位置坐标后，将工件进行码垛，然后回到安全点。若码满 4 层，通知外部更换码盘。直至新码盘到位后重新开始码垛。

5）运行速度合适，码垛完成后垛堆应该整齐，工件应该码放均匀。

3.4.1　控制机器人加、减速度

ABB 机器人的加、减速度及速度变化率等，均可通过 RAPID 程序中的 AccSet 指令进行规定。

3-9　降低加减速度设置

AccSet 指令属于模态指令。速比一经设定，对后续的全部移动指令都将有效，直至重新

设定或进行恢复系统默认值的操作。如果程序中同时使用了指令加速度设定、TCP 加速度限制、大地坐标系 TCP 加速度限制指令，则实际加速度为三者中的最小值。

【指令格式】AccSet 指令格式如下：

AccSet Acc,Ramp;

其中，Acc 为加速度倍率(%)，数据类型为 num。默认值为 100%，允许设定的范围为 20%~100%。如设定值小于 20%，系统将自动取 20%。

Ramp 为加速度变化率倍率(%)，数据类型为 num。默认值为 100%，允许设定的范围为 10%~100%。如设定值小于 10%，系统将自动取 10%。该值可以用来降低机器人的顿挫。

【指令实例】

AccSet 50，80;   //加、减速度为出厂设置的 50%，加速度变化率为出厂设置的 80%设定的指令参数不同，最后的运动状态也不相同，具体如图 3-86 所示。

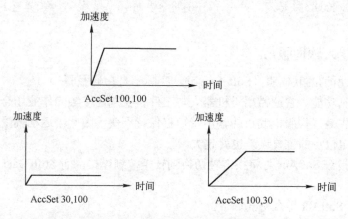

图 3-86 AccSet 对加速度的影响

3.4.2 控制机器人运行速度

3-10 运行速度设置

1. VelSet 指令

RAPID 程序中可以通过速度设定指令 VelSet 来调节速度数据 speeddata 的倍率，从而设定关节、直线、圆弧运动的 TCP 最大移动速度。

【指令格式】VelSet 指令格式如下：

VelSet Override,Max；

其中，Override 为速度倍率（%），数据类型为 num。该速度倍率对全部移动指令及所有形式指定的移动速度均有效。但它不能改变机器人作业数据中规定的移动速度，如焊接数据 welddata 规定的焊接速度等。速度倍率经设定后，运动轴的实际移动速度为指令值和倍率的乘积。

Max 为限定的机器人移动最大速度（mm/s），数据类型为 num。它仅对以 TCP 为控制对象的关节、线性和圆弧运动指令有效,但不能改变绝对定位、外部轴绝对定位速度。

【指令实例】VelSet 的编程实例如下:

```
Velset 50, 800              //指定速度倍率 50%,最大运动速度 800mm/s
MoveJ*, v1000, z20, tool1;  //倍率有效,实际速度为 1000*50%=500mm/s
MoveL*, v2000, z20, too11;  //速度限制有效,实际运行速度 800mm/s
MoveAbsJ * v2000, fine, grip1;  //倍率有效、速度限制无效,实际速度 1000mm/s
```

2. SpeedRefresh 指令

速度倍率调整指令 SpeedRefresh 可用倍率的形式调整移动指令的速度,倍率允许调整的范围为 0~100%,指令的编程实例如下:

```
VAR num speed_ovl:=50;      //定义速度倍率 speed_ov1 为 50%
MoveJ *, v1000, z20, too11; //移动速度 1000mm/s
MoveL *, v2000, z20, tool1; //移动速度 2000mm/s
SpeedRefresh speed_ov1;     //速度倍率更新为 speed_ov1(50%)
MoveJ *, v1000, z20, tool1; //速度倍率 speed_ov1 有效,实际速度 500mm/s
MoveL *, v2000, z20, tool1; //速度倍率 speed_ov1 有效,实际速度 1000mm/s
```

3.4.3 控制机器人软伺服

3-11 软伺服设置

ABB 机器人所谓的软伺服(Soft Servo),实际上是指伺服驱动系统的转矩控制功能。它通常用于机器人与工件存在刚性接触的作业场合。软伺服(转矩控制)功能一旦生效,伺服电动机的输出转矩将保持不变,因此,运动轴受到的作用力(负载转矩)越大,定位点的位置误差也就越大。

软伺服启用指令 SoftAct 可将指定轴切换到转矩控制模式。而 SoftDeact 指令则用于关闭软伺服。

【指令格式】SoftAct 指令格式如下:

```
SoftAct [\MechUnit],Axis,Softness [\Ramp]
```

其中,\MechUnit 为可选变元,用来指定机械单元名称。如果省略该参数,则意味着启用当前程序任务中指定机械臂轴的软伺服。

Axis 为控制的关节轴序号,数据类型为 num。

Softness 为柔性度值,数据类型为 num。电机输出的转矩可通过指令的程序数据 Softness(柔性度),以百分率的形式定义;柔性度为 0 代表以额定转矩输出(接触刚度最大),柔性度为 100%代表以最低转矩输出(接触刚度最小)。

\Ramp 为电机在转矩控制方式下的启动制动加速度,数据类型为 num。它以百分率的形式设定与调整。

【指令实例】SoftAct 指令的运用示例如下:

```
SoftAct 4,80;   //启用软伺服,设定第 4 轴的柔性度为出厂设定的 80%
SoftAct 5,36;   //启用软伺服,设定第 5 轴的柔性度为出厂设定的 36%
SoftAct 6,80;   //启用软伺服,设定第 6 轴的柔性度为出厂设定的 80%
```

```
WaitTime 2;
MoveL p10, v100, 210,tool1;
SoftDeact;                    //停用软伺服
```

3.4.4 IRB1200 本体维护

必须对机器人进行定期维护才能确保其功能正常。不可预测的情形下，也会对机器人进行检查。在日常工业机器人的运行过程中也必须及时注意任何损坏！

设备点检是一种科学的设备管理方法，它是利用人的五官或简单的仪器工具，对设备进行定点、定期的检查，对照标准发现设备的异常现象和隐患，掌握设备故障的初期信息，以便及时采取对策，将故障消灭在萌芽阶段的一种管理方法。

接下来我们介绍针对工业机器人 IRB1200 制订的日常点检及定期点检。

1．清洁机器人

关闭机器人的所有电源，然后再进入机器人的工作空间。

为保证机器人具有较长的正常运行时间，请务必定期清洁 IRB 1200。清洁的时间间隔取决于机器人工作的环境。根据 IRB 1200 的不同防护类型，可采用不同的清洁方法。

【注意】清洁之前务必确认机器人的防护类型。

【切记】务必按照规定使用清洁设备！任何其他清洁设备都可能会缩短机器人的使用寿命。清洁前，务必先检查是否所有保护盖都已安装到机器人上！

切勿进行以下操作：

1）切勿将清洗水柱对准连接器、接点、密封件或垫圈！
2）切勿使用压缩空气清洁机器人！
3）切勿使用未获机器人厂家批准的溶剂清洁机器人！
4）喷射清洗液的距离切勿低于 0.4m！
5）清洁机器人之前，切勿卸下任何保护盖或其他保护装置！

【清洁方法】

（1）用布擦拭

食品行业中高清洁等级的食品级润滑机器人在清洁后，确保没有液体流入机器人或滞留在缝隙或表面。

（2）用水和蒸汽清洁

防护类型 IP67（选件）的 IRB 1200 可以用水冲洗（水清洗器）的方法进行清洁。需满足以下操作前提：

1）喷嘴处的最大水压：不超过 700 kN/m^2（标准的水龙头水压和水流）。
2）应使用扇形喷嘴，最小散布角度为 45°。
3）从喷嘴到封装的最小距离：0.4m。
4）最大流量：20L/min。

2．检查机器人线缆

为了保证机器人的使用安全，每天开机前应该完成机器人的线缆检查，检查步骤及注意事项见表 3-17。

表 3-17 检查机器人线缆步骤及注意事项

图示	操作步骤及说明
	机器人布线包含机器人与控制器机柜之间的线缆,主要是电机动力电缆、转数计数器电缆、示教器电缆等,如左图所示

检查机器人布线:
使用以下操作程序检查机器人线缆。
操作步骤
1. 进入机器人工作区域之前,关闭连接到机器人的所有:1) 机器人的电源;2) 机器人的液压供应系统;3) 机器人的气压供应系统。
2. 目视检查:机器人与控制器机柜之间的控制线缆,查找是否有磨损、切割或挤压损坏。
3. 如果检测到磨损或损坏,则更换线缆

3. 检查机械限位

在轴 1 的运动极限位置有机械限位,轴 2~3 的运动极限位置也有机械限位,用于限制轴运动范围以满足应用中的需要。出于安全的原因,我们要定期点检所有的机械限位是否完好,功能是否正常,机械限位的检查步骤及注意事项见表 3-18。

表 3-18 检查机械限位的方法及注意事项

图示	操作步骤及说明
	左图所示为轴 1、轴 2 和轴 3 上的机械限位位置

检查机械限位:
使用以下操作步骤检查轴 1、轴 2 和轴 3 上的机械限位。
操作步骤
1. 进入机器人工作区域之前,关闭连接到机器人的所有:1) 机器人的电源;2) 机器人的液压供应系统;3) 机器人的压缩空气供应系统。
2. 检查机械限位。
3. 机械限位出现以下情况时,请马上进行更换:1) 弯曲变形;2) 松动;3) 损坏。
注意
与机械限位的碰撞会导致齿轮箱的预期使用寿命缩短。在示教与调试工业机器人的时候要特别小心

4. 检查同步带

工业机器人的前臂通常使用同步带进行传动,同步带的检查方法和步骤见表 3-19。

表 3-19　同步带检查步骤及注意事项

图示	操作步骤及说明
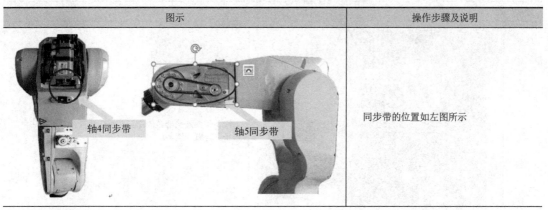 轴4同步带　　轴5同步带	同步带的位置如左图所示

所需工具和设备：
2.5mm 内六角圆头扳手，长 110mm。
检查同步带： 使用以下操作步骤检查同步带。
操作步骤
1. 进入机器人工作区域之前，关闭连接到机器人的所有：1）机器人的电源；2）机器人的液压供应系统；3）机器人的压缩空气供应系统。
2. 卸除盖子即可看到每条同步带。
3. 检查同步带是否损坏或磨损。
4. 检查同步带轮是否损坏。
5. 如果检查到任何损坏或磨损，则必须更换该部件！
6. 检查每条皮带的张力。如果皮带张力不正确，请进行调整（轴 4 的张力为 30N。轴 5 的张力为 26N。）

5. 更换电池组

当电池的剩余后备电量（机器人电源关闭）不足两个月时，将显示电池低电量警告（38213 电池电量低）。通常，如果机器人电源每周关闭两天，则新电池的使用寿命为 36 个月，而如果机器人电源每天关闭 16 小时，则新电池的使用寿命为 18 个月。对于较长的生产中断，通过电池关闭服务例行程序可延长使用寿命（大约延长 3 倍的使用寿命），更换电池组的方法如表 3-20 所示。

表 3-20　更换电池组的步骤及注意事项

步骤	图示	操作步骤及说明
1	使用内六角扳手打开此电池盖	电池组的位置如左图所示

(续)

步骤	图示	操作步骤及说明
2	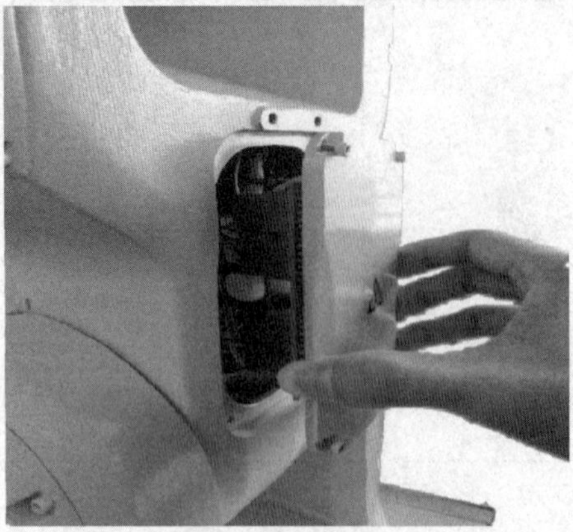	卸下下臂连接器盖的螺钉并小心地打开盖子。注意，盖子上连着线缆
3	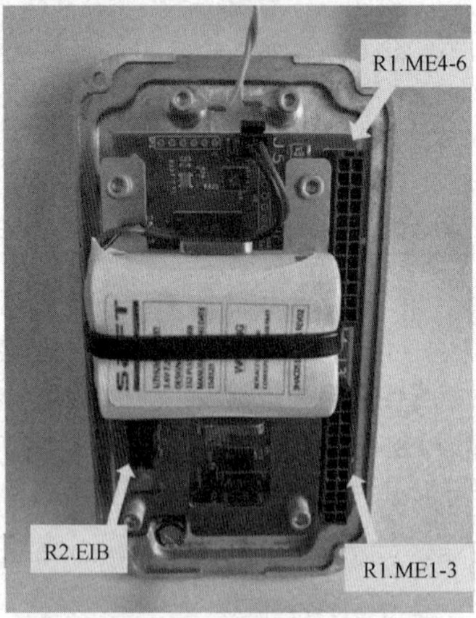	拔下 EIB 单元的 R1.ME1-3、R1.ME4-6 和 R2.EIB 连接器
4	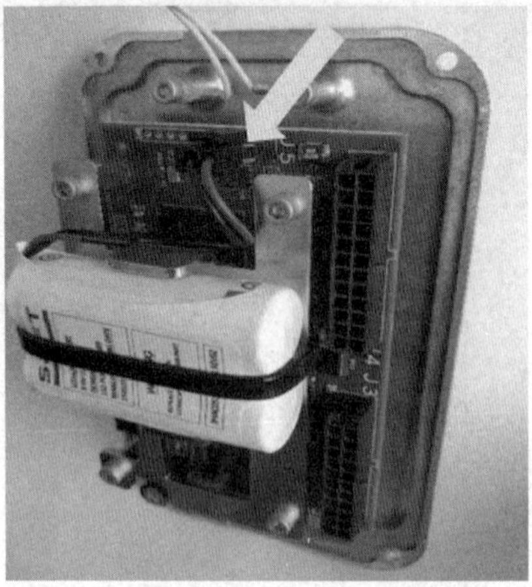	拔掉电池线缆插头

(续)

步骤	图示	操作步骤及说明
5	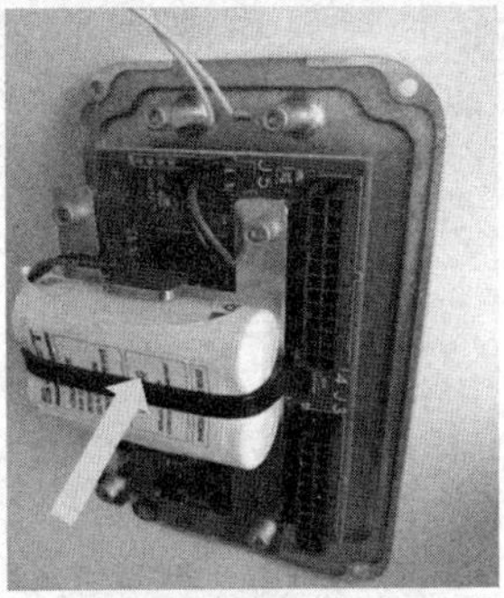	割断固定电池的线缆扎带并从 EIB 单元取出电池。 注意：电池包含保护电路。只能使用规定的备件或 ABB 认可的同等质量的备件进行更换
6		安装电池并用线缆捆扎带固定。 注意：1）电池包含保护电路。只能使用规定的备件或 ABB 认可的同等质量的备件进行更换。 2）静电放电：该装置易受静电放电影响。在操作之前，请先阅读安全信息及操作说明
7	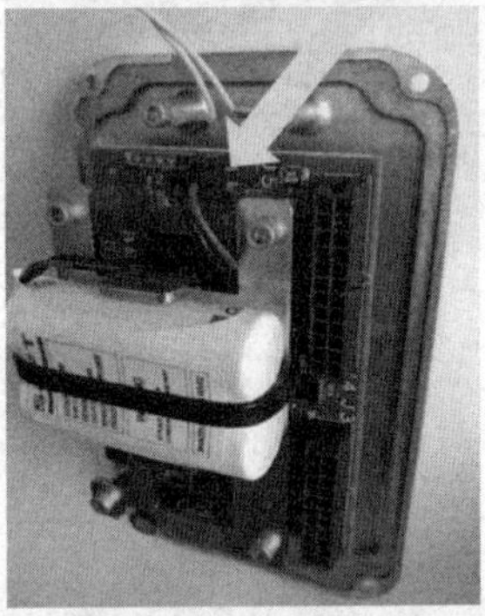	连接电池线缆插头
8	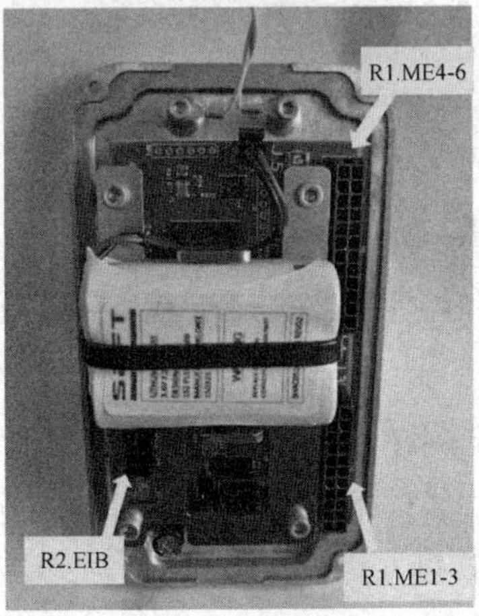	将 R1.ME1-3、R1.ME4-6 和 R2.EIB 连接器连接到 EIB 单元。 小心：确保不要搞混 R2.EIB 和 R2.ME2。否则轴 2 可能会严重受损。请查看连接器标签了解正确的连接信息

(续)

步骤	图示	操作步骤及说明
9	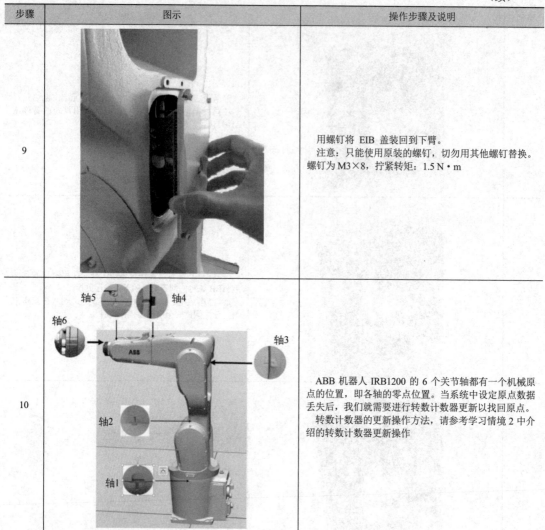	用螺钉将 EIB 盖装回到下臂。 注意：只能使用原装的螺钉，切勿用其他螺钉替换。 螺钉为 M3×8，拧紧转矩：1.5 N·m
10		ABB 机器人 IRB1200 的 6 个关节轴都有一个机械原点的位置，即各轴的零点位置。当系统中设定原点数据丢失后，我们就需要进行转数计数器更新以找回原点。 转数计数器的更新操作方法，请参考学习情境 2 中介绍的转数计数器更新操作

卸下电池组：使用以下操作卸下电池组
操作步骤
1. 将机器人的各个轴调至其机械原点位置（目的是有助于后续的转数计数器更新操作）。
2. 进入机器人工作区域之前，关闭连接到机器人的所有：1）机器人的电源；2）机器人的液压供应系统；3）机器人的压缩空气供应系统。

⚠ 危险：确保电源、液压和压缩空气供应系统都已经全部关闭。

⚠ 静电放电：该装置易受静电放电影响。在操作之前，请先阅读安全信息及操作说明。

⚠ 小心：对于 Clean Room 版机器人：在拆卸机器人的零部件时，请务必使用刀具切割漆层以免漆层开裂，并打磨漆层毛边以获得光滑表面！

3.4.5 定期点检信息标签、安全标志与操作提示

"警示标志"是一种按照国家标准或者社会公认的图案、标志组成的统一标识，具有特定的含义，以告诫、提示人们对某些不安全因素高度注意和警惕，是一种消除可以预料到的

风险或把风险降低到人体和机器可接受范围内的一种常用方式。

"警示标志"设在与安全有关的醒目地方,并使大家看见后,有足够的时间来注意它所表示的内容。定期点检信息标签、安全标志与操作提示见表3-21。

表3-21 定期点检信息标签、安全标志与操作提示

图示	名称及操作提示
 ⚠	**危险** 警告如果不依照说明操作,就会发生事故,并导致严重或致命的人员伤害和/或严重的产品损坏。该标志适用于以下险情:碰触高压电气装置、爆炸或火灾、有毒气体、压轧、撞击和从高处跌落等
 ⚠	**警告** 警告如果不依照说明操作,可能会发生事故,造成严重的伤害(可能致命)和/或重大的产品损坏。该标志适用于以下险情:触碰高压电气单元、爆炸、火灾、吸入有毒气体、挤压、撞击、高空坠落等
 ⚡	**电击** 针对可能会导致严重的人身伤害或死亡的电气危险的警告
 ⚠	**小心** 警告如果不依照说明操作,可能会发生能造成伤害和/或产品损坏的事故。该标志适用于以下险情:灼伤、眼部伤害、皮肤伤害、听力损伤、挤压或滑倒、跌倒、撞击、高空坠落等。此外,它还适用于某些涉及功能要求的警告消息,即在装配和移除设备过程中出现有可能损坏产品或引起产品故障的情况时,就会采用这一标志
 ESD	**静电放电(ESD)** 针对可能会导致严重产品损坏的电气危险的警告。在看到此标志时,在作业前要进行释放人体静电的操作,最好能带上静电并可靠接地后才开始相关的操作
 ⓘ	**注意** 描述重要的事实和条件。请一定要重视相关的说明
 🚫	**禁止** 此标志要与其他标志组合使用才会代表具体的意思
 📖	**请参阅用户文档** 请阅读用户文档,了解详细信息
 📖🔧	**提醒** 在拆卸之前,请参阅产品手册

(续)

图示	名称及操作提示
	**不得拆卸** 对于有此标志提示的机器人部件，绝对不能拆卸此部件，否则会导致对人身的严重伤害
	**旋转更大** 此轴的旋转范围（工作区域）大于标准范围。一般用于大型机器人（比如 IRB 6700）的轴 1 旋转范围的扩大
	**制动闸释放** 按此按钮将会释放机器人对应轴上电机的制动闸。这意味着机器人可能会掉落。特别是在释放轴 2、轴 3 和轴 5 时要注意机器人对应轴因为地球引力的作用而失控向下的运动
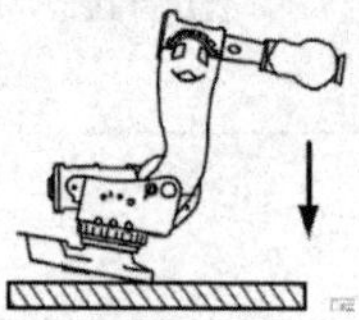	**倾翻风险** 如果机器人底座固定用的螺栓没有在地面进行牢靠的固定或松动，那就可能会造成机器人的翻倒。所以要将机器人固定好并定期检查螺栓的松紧
	**倾翻风险** 如果 SCARA 机器人底座固定用的螺栓没有在地面进行牢靠的固定或松动，那就可能会造成机器人的翻倒。所以要将机器人固定好并定期检查螺栓的松紧
	**小心被挤压** 此标志处有人身被挤压伤害的风险，请格外小心
	**高温** 此标志处由于长期和高负荷运行，部件表面的高温存在可能导致灼伤的风险
	**注意！机器人移动** 机器人可能会意外移动
	**注意！机器人移动** 机器人可能会意外移动

（续）

图示	操作步骤及说明
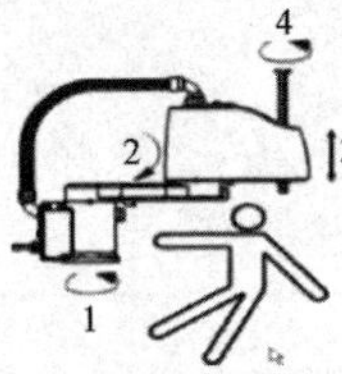	**注意！机器人移动** 机器人可能会意外移动
	**储能部件** 警告此部件蕴含储能不得拆卸。一般会与不得拆卸标志一起使用
	**不得踩踏** 警告如果踩踏此标志处的部件，会造成机器人部件的损坏
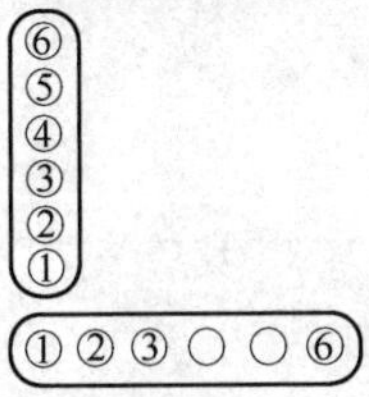	**制动闸释放按钮** 单击对应编号的按钮，对应的电机抱闸会打开
	**吊环螺栓** 一种紧固件，其主要作用是起吊机器人
	**加注润滑油** 如果不允许使用润滑油，则可与禁止标签一起使用
	**机械限位** 起到定位作用或限位作用
	**无机械限位** 表示没有机械限位
	**压力** 警告此部件承受了压力。通常另外印有文字，标明压力大小

（续）

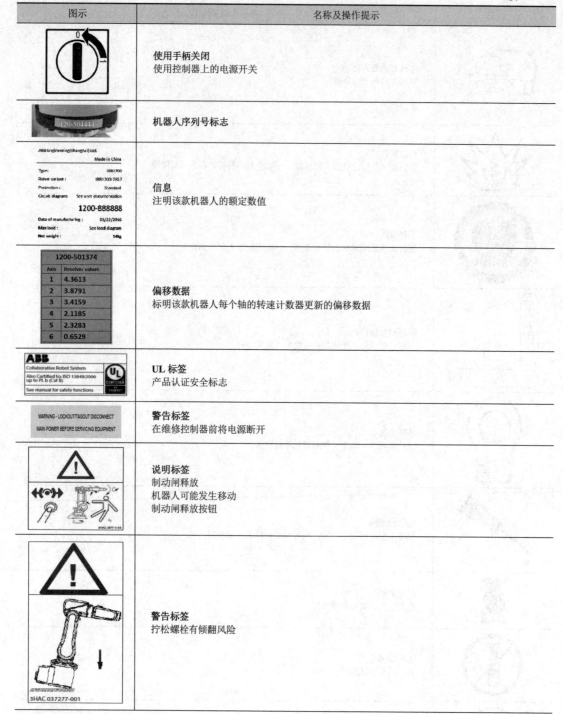

操作流程
1. 进入机器人工作区域之前，关闭连接到机器人的所有：1）机器人的电源；2）机器人的液压供应系统；3）机器人的压缩空气供应系统。
2. 检查位于图示位置的各种标签。
3. 更换所有丢失或受损的标签。

3.4.6 程序调试与检查

在调试码垛程序点位时一定要做到精确,并注意前后点位间的姿态变化。如果机器人刚度过大,容易与机器人发生碰撞,应适当调节机器人速度及软伺服等。

调试码垛机器人程序时,为保证设备与人身安全,最好先在虚拟仿真系统中进行,待操作熟练并确认程序调试无误后,再到实际设备上调试。

无论虚拟系统还是实际设备,调试时遵循以下操作步骤。

1)将程序中的点位修改到准确的目标位置,并确认。

2)手动单步调试运行。检查点位、程序指令、程序逻辑是否有错。若运行中有错,应立刻松开示教器上的使能按键停止运行,进行查错、修改与错误情况记录。

3)手动单步调试运行两遍及以上均无误后,按"实施情况自查表"中的检查项目逐项检查并记录,看是否合格。

4)手动连续运行机器人程序,检查点位、程序指令、程序逻辑是否有错。若运行中有错,应立刻松开示教器上的使能按键停止运行,进行查错、修改与错误情况记录。

5)自动运行机器人程序。若运行中有错,应立刻按下紧急停止按钮。

6)请其他小组按"实施情况互查表"中的检查项目逐项检查并记录,如不合格,则重新实施任务,直至检查合格为止,并勾选"整体效果是否达到工作要求"中的"是"选项。

3.4.7 工作情况评价

调试与检查完成后,就完成了本情境的学习。教师和学生按"综合评价表"中的评价项目逐项进行打分。打分可参考下列评分标准。

1)课前学习:课前学习任务完成率≥90%记 5 分,≥80%记 4 分,≥70%记 3 分,≥60%记 2 分,≥50%记 1 分。

2)成果评价:根据工作完成度和材料完整性打分,参照技能大赛评分规则,按最终结果打分,每少完成 1 项扣 10%的分值。

3)素质、安全规范、工作态度等为学习全程评价。学习过程中每违反一条,对应项不得分;发生重大安全事故整个工作环节计 0 分。

4)技能测试,定时完成计满分,少完成 1 项扣 1 分。

参 考 文 献

[1] 杨金鹏，李勇兵. ABB 工业机器人应用技术[M]. 北京：机械工业出版社，2020.

[2] 邓三鹏，周旺发，祁宇明. ABB 工业机器人编程与操作[M]. 北京：机械工业出版社，2018.

[3] 吴海波，刘海龙. 工业机器人现场编程[M]. 北京：高等教育出版社， 2019.

[4] 杨润贤，曾小波. 工业机器人技术基础[M]. 北京：化学工业出版社， 2018.

[5] 叶晖，管小清. 工业机器人实操与应用技巧[M]. 北京：机械工业出版社， 2010.

高等职业教育系列教材

工业机器人编程与调试（ABB）任务单

姓　　名：＿＿＿＿＿＿＿＿

班　　级：＿＿＿＿＿＿＿＿

指导教师：＿＿＿＿＿＿＿＿

机械工业出版社

目 录

学习情境 1　搬运机器人编程与调试 ·· 1
　　任务描述 ·· 1
　　课前导学 ·· 2
　　工作计划 ·· 5
　　实施记录 ·· 6
　　工作检查 ·· 9
　　工作评价 ·· 10
　　课后测试 ·· 11

学习情境 2　涂胶机器人编程与调试 ·· 14
　　任务描述 ·· 14
　　课前导学 ·· 15
　　工作计划 ·· 19
　　实施记录 ·· 20
　　工作检查 ·· 23
　　工作评价 ·· 24
　　课后测试 ·· 25

学习情境 3　码垛机器人编程与调试 ·· 28
　　任务描述 ·· 28
　　课前导学 ·· 29
　　工作计划 ·· 33
　　实施记录 ·· 34
　　工作检查 ·· 38
　　工作评价 ·· 39
　　课后测试 ·· 40

学习情境 1 搬运机器人编程与调试

工作内容：

1. 根据课前资源、网络资源等进行预习，完成课前学习任务；
2. 分析本情境的工作要求，制订、优化工作计划；
3. 分析搬运系统组成及工作流程，按工作计划实施工作；
4. 记录实施过程，完成实施记录相关内容；
5. 按"实施情况自查/互查表"中的检查项目逐项自查、互查至合格；
6. 按"综合评价表"中的评价项目逐项进行打分；
7. 完成测试，总结学习、工作情况。

利用下图所示的机器人搬运工作站提供的工作流程，将物块从抓取位置搬运到放置位置。分析该搬运工作站中机器人的工作流程，按工作流程创建该搬运工作站所需要的点位数据和 I/O 信号，编写机器人程序，并调试运行实现如下搬运功能。

1）搬运前，机器人处于一个安全位置，当工业机器人收到启动信号后便开始运行。
2）产品经过传送带到达传送带末端后，机器人开始进行抓取工件操作。
3）抓取工件后，机器人移到放置位置放下工件，再回到安全点位。

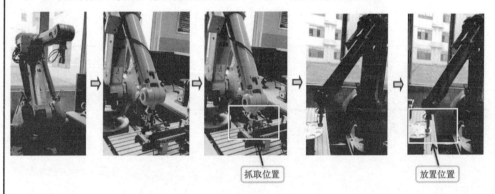

抓取位置　　　　　　　　　　　　放置位置

注意事项：

1. 工作过程中，始终将安全操作放在第一位；
2. 工作中注意着装规范，全体成员穿工装进行；
3. 爱护工具、设备，保护周边物理环境、电源环境及操作环境安全规范；
4. 注意绘图规范，操作过程做到严谨、仔细、精益求精；
5. 检查与评价要做到严谨、专注、精益求精、实事求是、公平公正；
6. 小组团队协作，小组成员间分工明确、互助友爱，小组之间多讨论交流，增强合作意识。

工业机器人编程与调试	学习情境 1 搬运机器人编程与调试	第 1 页 共 1 页
	任务描述	

小组编号：	小组成员：

任务 1.1　课前导学

1．简述机器人搬运工作站的主要构成及特点。

2．简述机器人搬运工作站的主要工作流程。

3．查阅绘制流程图的主要符号。

步骤	符号	步骤	符号
流程开始		流程结束	
中间步骤或操作		条件判断	

4．简述工业机器人安全操作规范。

5．简述机器人开机、关机顺序。

小组编号：	小组成员：

任务 1.2　课前导学

1．ABB 机器人的标准 I/O 板都有哪些类型？各种板卡的标准 I/O 板分别支持哪些通信信号？

2．常用的现场总线协议有哪些？

3．查阅电磁阀、中间继电器、按钮、光电传感器等低压元器件与传感器的功能及符号，并了解电磁阀的类型。

4．机器人的标准 I/O 板共划分为几大区域？每个区域的功能及使用方法如何？

小组编号：	小组成员：

任务 1.3　课前导学

1．收集各类机器人程序，分析它们的编程语言相同或相似吗？

2．分析线性运动指令与关节运动指令有什么不同？思考哪些场合该用关节运动指令？哪些场合该用线性运动指令？

3．归纳常用的数字输入、输出信号指令。

任务 1.4　课前导学

1．机器人的手动操作运动方式有几种？分析各种运动方式的区别和用途。

2．总结机器人基坐标系坐标 X、Y、Z 方向的判别方法以及各关节轴正方向的判别方法。

工作计划						
小组编号：		小组成员：				
序号	工作内容	备注		工作安全与规范	工作时间	
					计划时间	实际时间
1						
2						
3						
4						
5						
6						
7						
8						
9						
10						
添加与修改						
小组签字				教师签字		
工业机器人编程与调试		学习情境1 搬运机器人编程与调试			第1页 共1页	
		工作计划				

小组编号：	小组成员：		

实施记录

1. 绘制搬运工作站的工作流程图。

2. 列出搬运机器人所需点位数据。

数据列表

序号	数据名称	数据类型	存储类型	备注
1	p_home	robtarget	常量	机器人原点

3. 列出搬运机器人 I/O 板配置信息。

I/O 板配置信息

序号	板卡类型	板卡名称	地址	板卡所提供信号个数（单位：个）			
				数字输入	数字输出	模拟输入	模拟输出

4. 列出搬运机器人信号配置信息。

信号配置信息

序号	信号名称	信号类型	所属板卡	地址	备注

工业机器人编程与调试	学习情境 1 搬运机器人编程与调试 实施记录	第 1 页 共 3 页

小组编号:	小组成员:

实施记录

5．根据列出的搬运机器人 I/O 信号，绘制 I/O 板输入/输出端口接线图。（注意：只绘制需要使用的端口信号）

6．写出搬运机器人控制程序并注释每行指令的含义。

程序列表

程序段	注释

小组编号：	小组成员：		
实施记录			

7. 记录在调试机器人搬运工作站程序时遇到的问题、出现的原因和解决方法。

问题	出现原因	解决方法

8. 简述在搬运机器人编程与调试过程中的心得体会，或者所积累的各方面的工作实施技巧。

实施情况自查互查表							
小组编号：							
小组成员：							
检查编号	检查项目	检查内容	自查是否满足要求		互查是否满足要求		情况记录
			是	否	是	否	
1	点位、信号与程序（手动单步运行两次及以上再记录）	程序中的点位位置是否准确					
		抓取后工件是否夹紧无掉落					
		放置后工件是否能正常脱离					
		机器人运行时的姿态是否合理					
		数字输入信号与外部设备通信是否正常					
		数字输出信号与外部设备通信是否正常					
		可编程按键是否能正常输出控制手爪					
		各运动指令应用场合是否合适					
		各数字信号指令使用场合是否合适					
		机器人是否无碰撞发生					
2	搬运功能实现（手动连续运行两次及以上再记录）	搬运动作是否与设定的工作流程一致					
		调试运行中是否有报错					
		抓取前是否能保证夹具已张开					
		抓取和放置后是否有延时					
		运行过程是否无工件掉落					
		机器人是否无碰撞发生					
3	规范	工作流程图绘制是否符合规范					
		点位、信号命名是否符合规范					
		机器人线路连接是否符合规范					
4	安全	穿戴是否符合安全要求					
		机器人周边电源环境是否安全					
		机器人周边物理环境是否安全					
		机器人示教操作环境是否安全					
整体效果是否达到工作要求： 是〇　　　　否〇 自查人：　　　　日期：					整体效果是否达到工作要求： 是〇　　　　否〇 互查人：　　　　日期：		
工业机器人编程与调试		学习情境 1 搬运机器人编程与调试					第 1 页 共 1 页
		工作检查					

综合评价表

学习情境:				
工作环节:				
小组编号		学生姓名		

评价编号	评价项目		评价内容	得分	
				权重	评分
1	课前（10%）		课前自主学习情况	5	
			课前导学完成情况	5	
2	课中（80%）	工作成果（30%）（团队分）	成果自评	5	
			成果互评	5	
			教师评价	20	
		素质（10%）（团队分）	实事求是	2	
			严谨、精益求精、专注（细节把控）	2	
			工作表现（参与度、认真尽责）	2	
			工作纪律（迟到、旷课、早退）	2	
			设备维护、卫生打扫	2	
		安全规范（10%）（团队分）	周边环境的整洁、安全	2	
			机器人安全操作规范的执行	2	
			点位数据命名规范	2	
			资料填写规范	2	
			穿戴规范	2	
		知识技能（30%）（个人分）	专业对话（评分现场回答问题情况）	10	
			技能测试	20	
3	课后（10%）		课后任务完成情况	5	
			课后测试成绩	5	
4	激励加分		小组评优	5	
			其他加分项	1～5分/次	
合计				100+	

教师签字：		日期：	
工业机器人编程与调试	学习情境1 搬运机器人编程与调试		第1页共1页
	工作评价		

小组编号：	小组成员：

课后测试

1. 选择题

1) 下图所示为吸附式搬运机器人系统组成示意图,编号 1 表示( ),编号 3 表示( )。
   A. 控制柜　　　　B. 示教器　　　　C. 空气压缩机　　D. 执行器

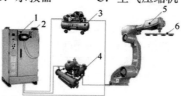

2) 直角坐标点位的数据类型为( )。
   A. robtarget　　　B. jointtarget　　C. tooldate　　　D. wobjdate
3) robtarget 中,trans 内保存的是( )。
   A. X、Y、Z 坐标值　B. 外轴数据　　C. 欧拉角度　　　D. 姿态数据
4) 标配的 ABB 机器人都支持以下哪种通信协议( )。
   A. DeviceNet　　　B. PROFIBUS　　C. PROFINET　　D. EtherNet
5) DSQC652 板卡没有提供以下哪种通信信号?( )
   A. 数字输入信号　B. 数字输出信号　C. 模拟输出信号　D. 模拟输入信号
6) DSQC652 板卡第一个数字输入口的地址是( )。
   A. 32　　　　　　B. 0~32　　　　C. 1　　　　　　D. 0
7) 以下哪个表示数字输出信号?( )
   A. Digital Input　　　　　　　　B. Digital Output
   C. Analog Output　　　　　　　D. Group Output
8) 在 RAPID 程序的程序模块中,不可创建以下哪种程序?( )
   A. 例行程序　　　B. 中断程序　　C. 系统程序　　　D. 功能程序
9) 在 ABB 机器人程序中,MoveJ 指令可实现:( )
   A. 直线移动　　　B. 关节移动　　C. 圆弧移动　　　D. 快速移动
10) 机器人移动时,如果需要准确到达目标点,则该参数为( )。
    A. z5　　　　　　B. z50　　　　　C. fine　　　　　D. tool0
11) 以下关节运动指令格式中,错误的是( )。
    A. MoveJ p10,v1000,z50,tool1
    B. MoveJ p10,v300,z50,tool1\Wobj:=wobj0
    C. MoveJ p10,v800,fine,tool0
    D. MoveJ p10,v1000,z50,tool1,wobj1
12) 以下哪个指令为输出信号置位指令?( )
    A. set　　　　　　B. reset　　　　C. waittime　　　D. waitdo
13) 下列指令中,使用错误的是( )。
    A. WaitDI Di1,1;
    B. WaitUntil di1=1;
    C. WaitDO do4=1;
    D. Set Do1;
14) 控制机器人 TCP 沿着 X 轴正方向移动属于( )。
    A. 单轴运动　　　B. 线性运动　　C. 重定位运动

小组编号：	小组成员：

课后测试

15）在工业机器人中，以下哪些轴属于摆动轴：（　　）。
　　A．1-2-3　　　B．4-5-6　　　C．2-4-6　　　D．2-3-5

2．判断题

1）工业机器人开机时，应先开 380V，再开 220V。（　　）
2）工业机器人关机时，为方便，可直接拉闸断电。（　　）
3）在察觉到有危险时，可立即按下"急停键"停止机器人运转。（　　）
4）只有在按下示教器上的使能按键，并保证在"电机开启"的状态时，才能对机器人进行手动操作与程序调试。（　　）
5）当机器人系统出现错误或重新安装系统后，可以通过备份快速地把机器人恢复到备份时的状态。（　　）
6）在进行数据恢复时，可将一台机器人的备份恢复到另一台机器人中去。（　　）
7）在 RAPID 程序中，不仅能通过新建程序模块来构建机器人的程序，也能通过系统模块控制机器人运行。（　　）
8）在 RAPID 程序中，只有一个主程序 main()，它可以存在于任意一个程序模块中，并且可以作为整个 RAPID 程序执行的起点。（　　）
9）机器人在关节坐标系下的动作是单轴运动。（　　）

3．操作题

编写并调试以下机器人程序，实现下图所示功能。

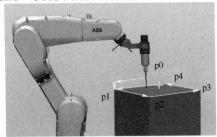

1）机器人初始位置在机器人原点 p0 点。
2）机器人到达 p1 点正上方。
3）直线移动到达 p1 点。
4）沿 p1 点分别由直线到达 p2、p3、p4 点。
5）机器人回到 p1 点，经正上方回到 p0 点。
注意：程序可采用系统中的给定程序。

小组编号：	小组成员：

拓展与思考

1. 知识迁移

完成下图所示机床上下料机器人的程序编写与调试工作。

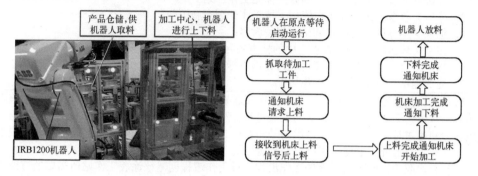

2. 专业思考

自动化搬运工作有哪些实现方式？机器人搬运工作站作为自动搬运，有哪些优缺点？

学习情境2 涂胶机器人编程与调试

工作内容：
1. 根据课前资源、网络资源等进行预习，完成课前学习任务；
2. 分析本情境的工作要求，制订、优化工作计划；
3. 分析涂胶系统组成及工作流程，按工作计划实施工作；
4. 记录实施过程，完成实施记录相关内容；
5. 按"实施情况自查/互查表"中的检查项目逐项自查、互查至合格；
6. 按"综合评价表"中的评价项目逐项进行打分；
7. 完成测试，总结学习、工作情况。

机器人涂胶轨迹如下图所示。外部控制设备通过组信号发送数值给涂胶机器人。当该组信号的数值为2时，机器人按2号轨迹进行涂胶工作；当该组信号的数值为3时，机器人按3号轨迹进行涂胶工作；当该组信号的数值既不为2也不为3时，机器人不执行涂胶工作，并在示教器屏幕上提示用户信号发送错误。

分析该涂胶工作站中机器人的工作流程，按工作流程创建该涂胶工作站所需要的点位数据和I/O信号，编写机器人程序，并调试运行实现如下要求。

1）涂胶前机器人处于一个安全位置，当工业机器人收到启动信号后便开始运行。
2）涂胶开始之前打开涂胶枪，等待2s后开始涂胶。
3）涂胶路径准确，涂胶枪末端不能高于涂胶表面20mm。
4）涂胶完成后，机器人先关闭涂胶枪，再回到安全点位等待，并通知外部控制设备涂胶完毕。

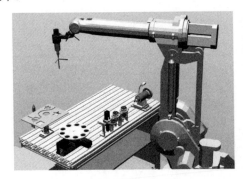
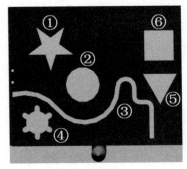

注意事项：
1. 工作过程中，始终将安全操作放在第一位；
2. 工作中注意着装规范，全体成员穿工装进行；
3. 爱护工具、设备，保护周边物理环境、电源环境及操作环境安全规范；
4. 注意绘图规范，操作过程做到严谨、仔细、精益求精；
5. 检查与评价要做到严谨、专注、精益求精、实事求是、公平公正；
6. 小组团队协作，小组成员间分工明确、互助友爱、小组之间多讨论交流，增强合作意识。

工业机器人编程与调试	学习情境2 涂胶机器人编程与调试	第1页
	任务描述	共1页

小组编号：	小组成员：

任务 2.1　课前导学

1. 简述机器人涂胶工作时应注意的要点。

2. 简述机器人涂胶工作站的主要工作流程。

3. 简述 bool、num、byte、string 四种类型程序数据的特点。

4. 简述机器人程序数据的存储类型及各自的特点。

5. 什么是工具坐标系？如何创建？有哪些定义方法？（重点学习操作步骤）

小组编号：	小组成员：

任务 2.2　课前导学

1．回顾 ABB 机器人的板卡有哪些类型？DSQC652 板卡各接口的作用是什么（画图标注)？

2．复习并简述板卡、数字输入/输出信号的创建方法（进行相应操作练习）。

3．什么是组信号？有什么作用？创建时需要设定几个参数？

4．简述组信号创建与仿真的操作步骤。注意总结组信号地址应该如何设置（进行相应操作练习）。

5．总结备份与恢复信号的操作步骤（进行相应操作练习）。

小组编号：	小组成员：

任务 2.3 课前导学

1．复习并简述机器人关节运动、线性运动指令的格式与参数含义。学习并总结圆弧运动的格式与参数含义。

2．总结组信号指令有哪些？简述各指令的格式与参数的含义。

3．简述读取位置指令的格式与参数的含义。

4．总结条件判断指令有哪些？简述各指令的格式与参数的含义。

5．简述轴配置监控指令的格式与参数的含义。

小组编号:	小组成员:

任务 2.4　课前导学

1．机器人手动操作运动方式有几种？分析各种运动方式的区别和用途。

2．复习并总结机器人线性运动中，大地坐标 X、Y、Z 方向的判别方法。

3．复习并总结机器人关节运动中，各关节轴正负方向的判别方法。

4．简述什么时候需要更新机器人转数计数器。总结更新操作步骤。

5．简述速度设定的类型及设置方法。

工作计划					
小组编号：		小组成员：			
序号	工作内容	备注	工作安全与规范	工作时间	
				计划时间	实际时间
1					
2					
3					
4					
5					
6					
7					
8					
9					
10					
添加与修改					
小组签字			教师签字		
工业机器人编程与调试		学习情境2 涂胶机器人编程与调试		第1页 共1页	
		工作计划			

小组编号：	小组成员：

实施记录

1．绘制涂胶工作站的工作流程图。

2．列出涂胶机器人所需点位数据（同一轨迹上的点位数据可列在同一行内）。

数据列表

序号	数据名称	数据类型	存储类型	备注

3．列出涂胶机器人 I/O 板配置信息。

I/O 板配置信息

序号	板卡类型	板卡名称	地址	板卡所提供信号个数（单位：个）			
				数字输入	数字输出	模拟输入	模拟输出

4．列出涂胶机器人信号配置信息。

信号配置信息

序号	信号名称	信号类型	所属板卡	地址	备注

工业机器人编程与调试	学习情境 2 涂胶机器人编程与调试	第 1 页
	实施记录	共 3 页

小组编号：	小组成员：

实施记录

5．根据列出的涂胶机器人 I/O 信号，绘制 I/O 板输入/输出端口接线图。（注意：只绘制需要使用的端口信号）

6．列出涂胶机器人控制程序。

程序列表	
程序段	注释

工业机器人编程与调试	学习情境 2 涂胶机器人编程与调试 实施记录	第 2 页 共 3 页

小组编号：	小组成员：	
	实施记录	

7．记录在调试机器人涂胶工作站程序时遇到的问题、出现的原因和解决方法。

问题	出现原因	解决方法

8．简述在涂胶机器人编程与调试过程中的心得体会，或者所积累的各方面的工作实施技巧。

实施情况自查互查表

小组编号：							
小组成员：							

检查编号	检查项目	检查内容	自查是否满足要求		互查是否满足要求		情况记录
			是	否	是	否	
1	数据、信号与程序（手动单步运行两次及以上再记录）	程序中轨迹2运行是否准确					
		程序中轨迹3运行是否准确					
		原点位置是否合适					
		机器人运行时的姿态是否合理					
		输入信号与外部设备通信是否正常					
		输出信号与外部设备通信是否正常					
		各运动指令应用场合是否合适					
		各信号指令使用场合是否合适					
		涂胶动作是否符合任务要求					
		机器人是否无碰撞发生					
2	涂胶功能实现（自动单步、连续运行后再记录）	涂胶动作是否与设定的工作流程一致					
		调试运行中是否有报错					
		涂胶枪打开关闭是否符合要求					
		涂胶轨迹选择是否正确					
		涂胶高度是否小于20mm					
		机器人是否无碰撞发生					
3	规范	工作流程图绘制是否符合规范					
		点位、信号命名是否符合规范					
		机器人线路连接是否符合规范					
4	安全	穿戴是否符合安全要求					
		机器人周边电源环境是否安全					
		机器人周边物理环境是否安全					
		机器人示教操作环境是否安全					

整体效果是否达到工作要求：	整体效果是否达到工作要求：
是○　　　　否○	是○　　　　否○
自查人：　　　　日期：	互查人：　　　　日期：

工业机器人编程与调试	学习情境2 涂胶机器人编程与调试	第1页
	工作检查	共1页

综合评价表

学习情境:				
工作环节:				
小组编号		学生姓名		

评价编号	评价项目		评价内容	得分	
				权重	评分
1	课前（10%）		课前自主学习情况	5	
			课前导学完成情况	5	
2	课中（80%）	工作成果（30%）（团队分）	成果自评	5	
			成果互评	5	
			教师评价	20	
		素质（10%）（团队分）	实事求是	2	
			严谨、精益求精、专注（细节把控）	2	
			工作表现（参与度、认真尽责）	2	
			工作纪律（迟到、旷课、早退）	2	
			设备维护、卫生打扫	2	
		安全规范（10%）（团队分）	周边环境的整洁、安全	2	
			机器人安全操作规范的执行	2	
			数据命名规范	2	
			资料填写规范	2	
			穿戴规范	2	
		知识技能（30%）（个人分）	专业对话（评分现场回答问题情况）	10	
			技能测试	20	
3	课后（10%）		课后任务完成情况	5	
			课后测试成绩	5	
4	激励加分		小组评优	5	
			其他加分项	1~5分/次	
	合计			100+	

教师签字：		日期：	
工业机器人编程与调试	学习情境2 涂胶机器人编程与调试	第1页共1页	
	工作评价		

小组编号：	小组成员：

课后测试

1．选择题

1）工业机器人出厂时默认的工具中心点位于（　　）。
　　A．机器人底座的中心　　B．机器人法兰的中心　　C．机器人底座最前方

2）工业机器人的 TCP 位置数据保存在工具数据的（　　）参数里。
　　A．trans　　　　　　　B．mass　　　　　　　　C．cog

3）以下说法中，错误的是（　　）。
　　A．4 点法不改变 tool 的坐标方向
　　B．5 点法改变 tool 的 X 方向
　　C．6 点法改变 tool 的 X 和 Z 方向

4）工业机器人工具数据中，手爪质量保存在（　　）参数里。
　　A．trans　　　　　　　B．mass　　　　　　　　C．cog

5）三个数字输出口组合起来的组信号可以传递的数值范围为（　　）。
　　A．0～7　　　　B．1～8　　　　C．0～15　　　　D．1～16

6）如果需要对外输出的最大值为 14，需要将（　　）个数字输出口组合为组信号。
　　A．3　　　　　B．4　　　　　C．5　　　　　D．6

7）对于下图所示的 4 个数字输出接口，将其设置为一组信号，地址应为（　　）。

　　A．1～4　　　　B．8～11　　　　C．9～12　　　　D．0～3

8）二进制数 1001 转化为十进制，其值为（　　）。
　　A．8　　　　　B．9　　　　　C．10　　　　　D．11

9）组输入信号类型为（　　）。
　　A．Digital Input　　　　　　B．Digital Output
　　C．Group Input　　　　　　D．Group Output

10）ABB 机器人程序中，MoveC 指令可实现（　　）。
　　A．直线移动　　B．关节移动　　C．圆弧移动　　D．快速移动

11）机器人确定圆弧轨迹的原理是（　　）。
　　A．圆心与半径　　B．两点定圆弧　　C．三点定圆弧　　D．起点、终点与半径

12）以下运动指令中，格式错误的是（　　）。
　　A．MoveC p10, v1000, z50, tool0　　　　B．MoveC p10, v1000, z50, wobj0
　　C．MoveC p10,p20,v1000, z50, tool0　　D．MoveC p10,p20,v1000, z50, wobj0

小组编号：	小组成员：

课后测试

13) 以下 IF 语句中，格式错误的是（　　）。

 A.　　　　　　　　B.　　　　　　　　C.　　　　　　　　D.
 IF A<5 THEN　　　IF A<5 THEN　　　IF A<5 THEN　　　IF A<5 THEN
  GOTO BBB;　　　　GOTO BBB;　　　　GOTO BBB;　　　　GOTO BBB;
 ENDIF　　　　　　ELSE　　　　　　　ENDIF　　　　　　　ENDIF
       GOTO CCC;　　　　ELSEIF A>5 THEN　　IF A>5 THEN
       ENDIF　　　　　　　GOTO CCC;　　　　　GOTO CCC;
             ENDIF　　　　　　　ENDIF

14) 以下哪个指令可用于组信号输出？（　　）

 A．Set　　　　B．SetGo　　　　C．WaitGo　　　　D．Wait Until

15) 当组输入信号 gi1 的值为 3 时，就跳转到 CCC 程序段去，下列指令编写正确的是（　　）。

 A.　　　　　　　　B.　　　　　　　　C.
 IF gi1==3 THEN　　IF gi1=3 THEN　　　IF gi1=3 THEN;
  GOTO CCC;　　　　GOTO CCC;　　　　GOTO CCC
 ENDIF　　　　　　ENDIF　　　　　　　ENDIF

16) 重定位运动有（　　）个方向的转动。

 A．1　　　　B．2　　　　C．3

17) 在调试点位时，发现手爪平面与工件平面之间不平行，需要调整平行时用（　　）最方便。

 A．关节运动　　　　B．重定位运动　　　　C．线性运动

18) 下图所示状态为（　　）。

 A．增量开启大档　　B．增量开启中档　　C．增量开启小档　　D．增量未开启

2．判断题

1) 在获取工具数据时，工业机器人 4 个点位姿态位置相差越大，最终获取的 TCP 精度越高。（　　）

2) 用户创建新的工具坐标后，必须先手动将 mass 的值更改为正值，否则无法运行。（　　）

3) 组信号是由多个数字输入或输出口所组合起来的信号。（　　）

4) 关节运动能使机器人的 TCP 从起点到终点之间的路径始终保持为直线。（　　）

5) 一个圆弧运动指令不能使机器人走出整圆，如实际需要，可将圆弧分解为多个圆弧逐段走出。（　　）

6) 默认情况下，轴配置监控是打开的，当关闭轴配置监控后，机器人在运动过程中会采取最接近当前轴配置数据的配置来到达指定目标点。（　　）

7) 程序段"p10 := CRobT(\Tool:=tool1);"中所使用的 p10 点位数据不能为常量存储类型。（　　）

小组编号：	小组成员：

拓展与思考

1．知识迁移

选择一个左右结构的字，设计出写字轨迹后，创建机器人数据和信号，进行机器人编程与调试，达到以下要求：

PLC 通知启动后，发送给机器人数值 1 写左半部分，发送给机器人数值 2 写右半部分，发送给机器人数值 3 写完整字。

2．专业思考

要搭建机器人工作站，首先要学会选择机器人。收集资料，分析目前国内外市场上主要品牌的机器人各有什么优缺点？

中国工业机器人有哪些品牌？国内工业机器人在中国市场的占比及发展现状如何？

学习情境 3　码垛机器人编程与调试

工作内容：
1. 根据课前资源、网络资源等进行预习，完成课前学习任务；
2. 分析本情境的工作要求，制订、优化工作计划；
3. 分析码垛系统组成及工作流程，按工作计划实施工作；
4. 记录实施过程，完成实施记录相关内容；
5. 按"实施情况自查/互查表"中的检查项目逐项自查、互查至合格；
6. 按"综合评价表"中的评价项目逐项进行打分；
7. 完成测试，总结学习、工作情况。

　　码垛机器人如下图所示，机器人将传送带上传递过来的工件经过取料后，采用正反交错的方式，每层码放 5 个工件，依次将工件码放为 4 层。分析该码垛工作站中机器人的工作流程，按工作流程创建该码垛工作站所需要的数据和通信信号，编写机器人程序，并调试运行实现如下要求。

1）码垛前机器人处于一个安全位置，当工业机器人收到启动信号后开始运行。
2）工件经过传送带到达传送带末端后，机器人便开始进行抓取工件操作。
3）抓取完成后，在码垛盘已到位且未码满 4 层的前提下，将工件搬运到码垛区域。
4）计算出当前工件的码垛位置坐标后，将工件进行码垛，然后回到安全点。若码满 4 层，通知外部更换码盘。直至新码盘到位后再重新开始码垛。
5）运行速度合适，码垛完成后垛堆应该整齐，工件应该码放均匀。

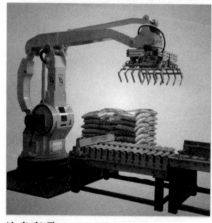

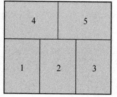

奇数层放置方式

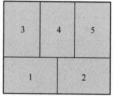

偶数层放置方式

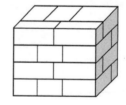

注意事项：
1. 工作过程中，始终将安全操作放在第一位；
2. 工作中注意着装规范，全体成员穿工装进行；
3. 爱护工具、设备，保护周边物理环境、电源环境及操作环境安全规范；
4. 注意绘图规范，操作过程做到严谨、仔细、精益求精；
5. 检查与评价要做到严谨、专注、精益求精、实事求是、公平公正；
6. 小组团队协作，小组成员间分工明确、互助友爱，小组之间多讨论交流，增强合作意识。

小组编号：	小组成员：

任务 3.1　课前导学

1．简述机器人码垛工作站的主要构成及特点。

2．简述该机器人码垛工作站的主要工作流程。

3．简述什么是工具坐标系。有哪些参数需要设定？各参数用什么方法获取？

4．什么是工件坐标系？如何创建和定义？（重点学习操作步骤）

5．什么是有效载荷？如何创建有效载荷？列出应用实例。

小组编号：	小组成员：

任务 3.2　课前导学

1. 回顾 ABB 机器人的板卡有哪些类型？DSQC652 板卡各接口的作用是什么（画图标注）？

2. 复习并简述板卡、数字输入/输出信号、组信号创建的方法（进行相应操作练习）。

3. 什么是系统信号？系统信号有什么作用？简述并操作系统信号的创建步骤。

4. DSQC651 板卡有哪些模拟信号？地址分别是多少？总结模拟信号与数字信号创建时参数的不同。

5. 总结机器人与 PLC 采用 PROFINET 总线进行通信时，机器人通信的设置步骤（进行相应操作练习）。

小组编号：	小组成员：

任务 3.3　课前导学

1．复习并简述机器人关节、线性、圆弧运动指令的格式与参数含义。学习并总结绝对位置运动指令在应用上与关节运动指令的不同。

2．总结条件判断指令有哪些？各列举一个应用实例。

3．总结循环指令有哪些？各列举一个应用实例。

4．什么是数组？采用指令格式列举定义一个一维数组（存储类型为可变量，数据类型为num）和一个二维数组（存储类型为变量，数据类型为num），初始值均为0。

5．什么是中断？常用的中断指令有哪些？描述下列中断应用实例中每行指令的含义。
VAR intnum intno1;
IDelete intno1;
CONNECT intno1 WITH tTrap;
ISignalDI di1,1,intno1;

TRAP　tTrap
　　reg1:=reg1+1;
ENDTRAP

小组编号：	小组成员：

任务 3.4　课前导学

1. 机器人手动操作运动方式有哪几种？分析各种运动方式的区别和用途。

2. 复习并总结机器人线性运动和关节运动中，摇杆与移动方向之间的关系。

3. 简述什么时候需要更新机器人转数计数器，并总结更新操作的步骤。

4. 机器人加、减速度为出厂设置的 60%，速度变化率为出厂设置的 70%，请写出相应的控制指令。

5. 写出控制指令控制机器人运行速度倍率为 40%，最大运动速度为 500mm/s。

6. 启用软伺服，设定第 4 轴的柔性度为出厂设定的 80%，第 5 轴的柔性度为出厂设定的 30%，第 6 轴的柔性度为出厂设定的 85%，请写出相应控制指令。

7. 简述 IRB 1200 工业机器人都要做哪些日常维护？

工作计划				
小组编号：		小组成员：		
序号	工作内容	备注	工作安全与规范	工作时间
				计划时间 / 实际时间
1					
2					
3					
4					
5					
6					
7					
8					
9					
10					
添加与修改				
小组签字			教师签字	
工业机器人编程与调试		学习情境3 码垛机器人编程与调试 工作计划		第1页 共1页

| 小组编号： | 小组成员： | | |

实施记录

1. 绘制码垛工作站的工作流程图。

2. 列出码垛机器人所需点位数据。

数据列表

序号	数据名称	数据类型	存储类型	备注

3. 列出码垛机器人信号配置信息。

信号配置信息

序号	信号名称	信号类型	所属板卡	地址	备注

| 工业机器人编程与调试 | 学习情境3 码垛机器人编程与调试
实施记录 | 第1页
共4页 |

小组编号：	小组成员：	

实施记录

4．根据列出的码垛机器人信号，绘制 I/O 板输入/输出端口接线图。（注意：只绘制需要使用的端口信号）

5．列出码垛机器人控制程序。

程序列表 1	
程序段	注释

| 工业机器人编程与调试 | 学习情境 3 码垛机器人编程与调试 | 第 2 页 |
| | 实施记录 | 共 4 页 |

小组编号：	小组成员：	
	实施记录	

程序列表 2

程序段	注释

小组编号：	小组成员：	

实施记录

6. 记录在调试机器人码垛工作站程序时遇到的问题、出现的原因和解决方法。

问题	出现原因	解决方法

7. 简述在码垛机器人编程与调试过程中的心得体会，或者所积累的各方面的工作实施技巧。

实施情况自查互查表							
小组编号：								
小组成员：								
检查编号	检查项目	检查内容	自查是否满足要求		互查是否满足要求		情况记录
			是	否	是	否	
1	数据、信号与程序（手动单步运行两次及以上再记录）	第1层码垛是否符合要求					
		第2层码垛是否符合要求					
		第3层码垛是否符合要求					
		第4层码垛是否符合要求					
		码垛后工件整体是否整齐					
		原点位置是否合适					
		机器人运行时的姿态是否合理					
		是否在垛盘未到时未码垛					
		是否在垛盘已满时未码垛					
		是否在工件到位时抓取					
		垛满后是否有通知外界					
		换垛后是否重新开始码垛					
2	码垛功能实现（自动单步、连续运行后再记录）	码垛动作是否与设定的工作流程一致					
		调试运行中是否有报错					
		码垛是否整齐					
		运行速度是否合理					
		机器人是否无碰撞发生					
3	规范	工作流程图绘制是否符合规范					
		点位、信号命名是否符合规范					
		机器人线路连接是否符合规范					
4	安全	穿戴是否符合安全要求					
		机器人周边电源环境是否安全					
		机器人周边物理环境是否安全					
		机器人示教操作环境是否安全					
整体效果是否达到工作要求： 是○ 否○ 自查人：　　　　　日期：				整体效果是否达到工作要求： 是○ 否○ 互查人：　　　　　日期：			
工业机器人编程与调试		学习情境3 码垛机器人编程与调试					第1页共1页
		工作检查					

综合评价表

学习情境:					
工作环节:					
小组编号		学生姓名			
评价编号	评价项目		评价内容	得分	
				权重	评分
1	课前（10%）		课前自主学习情况	5	
			课前导学完成情况	5	
2	课中（80%）	工作成果（30%）（团队分）	成果自评	5	
			成果互评	5	
			教师评价	20	
		素质（10%）（团队分）	实事求是	2	
			严谨、精益求精、专注（细节把控）	2	
			工作表现（参与度、认真尽责）	2	
			工作纪律（迟到、旷课、早退）	2	
			设备维护、卫生打扫	2	
		安全规范（10%）（团队分）	周边环境的整洁、安全	2	
			机器人安全操作规范的执行	2	
			数据命名规范	2	
			资料填写规范	2	
			穿戴规范	2	
		知识技能（30%）（个人分）	专业对话（评分现场回答问题情况）	10	
			技能测试	20	
3	课后（10%）		课后任务完成情况	5	
			课后测试成绩	5	
4	激励加分		小组评优	5	
			其他加分项	1～5 分/次	
合计				100+	
教师签字：			日期：		
工业机器人编程与调试		学习情境 3 码垛机器人编程与调试		第 1 页 共 1 页	
		工作评价			

小组编号：	小组成员：

课后测试

选择题

1）用字节数据 byte 存放整数时，能存放的数值大小为（　　）。
　　A. 0～255　　　　B. 0～256　　　　C. -128～127　　　　D. -127～128

2）指令"PERS robtarget P11;"中，PERS 表示的是（　　）。
　　A. 存储类型　　　B. 数据类型　　　C. 数据名称　　　D. 数据初始值

3）要想使用相同程序走出下列两个图形，应该要新建（　　）坐标。
　　A. 大地坐标　　　B. 工具坐标　　　C. 工件坐标

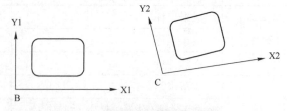

4）工件坐标系定义的方法为（　　）。
　　A. 3 点法　　　　B. 4 点法　　　　C. 5 点法　　　　D. 6 点法

5）有效载荷数据的名称为（　　）。
　　A. tooldata　　　B. wobjdata　　　C. robtarget　　　D. loaddata

6）DSQC651 板第二个模拟输出信号的地址应设置为（　　）。
　　A. 0-15　　　　　B. 1-16　　　　　C. 16-31　　　　　D. 17-32

7）下列不是模拟信号特点的是（　　）。
　　A. 跃变的　　　　B. 连续的　　　　C. 有效的

8）在 ABB 机器人程序中，MoveAbsJ 指令点位的数据类型为（　　）。
　　A. robtarget　　　B. jointtarget　　C. tooldate　　　D. wobjdate

9）以下 WHILE 语句中，格式错误的是（　　）。

A.
WHILE TRUE DO
　　pick;
ENDWHILE

B.
WHILE B<5 DO
　　C:=B+C;
　　B:=B+1;
ENDWHILE

C.
WHILE TRUE
　　pick;
ENDWHILE

10）以下程序运行后，B 的值为（　　）。
　　B:=5;
　　FOR A FROM 1 TO 4 DO
　　　　B:=B+1;
　　ENDFOR
　　A. 7　　　　　　B. 8　　　　　　C. 9　　　　　　D. 10

小组编号：	小组成员：

拓展与思考

1. 知识迁移

如下图所示有两条传送带，传送工件尺寸为 40×80。机器人对两条传送带上的工件逐一进行抓取和码垛。下方传送带工件放入码盘的矩形凹槽内，一次码 6 个工件；上方传送带码垛方式采用正反交错，每层放 4 个工件，共码 3 层。自行设计码放方法，完成以下码垛要求：

1）码垛前机器人处于一个安全位置，当工业机器人收到启动信号后便开始运行。

2）工件经过传送带到达传送带末端后，在两边码盘未满的情况下，机器人左、右两侧的传送带交替进行工件抓取。若某一边码满了，只抓取另一边传送带的工件。

3）抓取完成后，在未码满的前提下，机器人从左方传送带抓取的工件放左边码盘码垛，从右边传送带抓取的工件放右边码盘码垛。

4）若某一边码满了，机器人通知外部更换码盘。直至收到新码盘到位信号后才重新开始码垛。

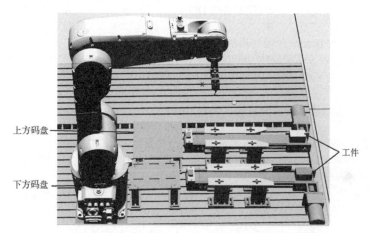

2. 专业思考

我国作为五千年文明大国，从古至今哪些发明是自动化机器的代表？

与工业机器人编程及调试课程相对应的岗位有哪些？这些岗位需要哪些能力作为支撑？